应用型人才培养产教融合创新教材

TRIZ理论
在建筑行业中的应用

韩宏彦　韩提文　曹 珍　主编

TRIZ LILUN
ZAI JIANZHU HANGYE
ZHONG DE YINGYONG

化学工业出版社

·北京·

内 容 简 介

《TRIZ理论在建筑行业中的应用》内容简练，具有很强的应用性和实用性，许多内容是经过实践验证的，具有很好的借鉴价值。在理论研究上也进行了创新，解决了部分理论应用中存在的瓶颈，并成功应用到实践中。全书共9章，主要介绍了TRIZ的起源与发展、系统分析方法、理想解与可用资源、40个发明创新原理及其应用、技术冲突、物理冲突与分离原理、物质-场分析法与标准解、技术进化理论、发明问题解决算法——ARIZ。

本书可以作为应用型本科和高等职业教育建筑工程技术、建筑设计、建筑室内设计等土建类相关专业教材，也可供建筑行业从业人员参考使用。

图书在版编目（CIP）数据

TRIZ理论在建筑行业中的应用 / 韩宏彦，韩提文，曹珍主编 . —北京：化学工业出版社，2022.2（2024.6重印）
ISBN 978-7-122-40460-2

Ⅰ.①T… Ⅱ.①韩… ②韩… ③曹… Ⅲ.①创造学-应用-建筑科学-研究 Ⅳ.①TU-05

中国版本图书馆CIP数据核字（2021）第263112号

责任编辑：邢启壮 李仙华　　　　　　　　装帧设计：史利平
责任校对：李雨晴

出版发行：化学工业出版社（北京市东城区青年湖南街13号　邮政编码100011）
印　　装：涿州市般润文化传播有限公司
787mm×1092mm　1/16　印张10½　字数245千字　2024年6月北京第1版第3次印刷

购书咨询：010-64518888　　　　　　　　售后服务：010-64518899
网　　址：http://www.cip.com.cn

本书编写人员名单

主　　编： 韩宏彦　韩提文　曹　珍

副主编： 陈楚晓　李　爽　谢　园　张瑶瑶　刘　芳

参　　编： 刘　玉　范泠荷　张士宪　曹　宽　谷军明　王丽佳　王　峰

主　　审： 郝永池

序

国务院印发的《国家职业教育改革实施方案》中指出："建设一大批校企'双元'合作开发的国家规划教材，倡导使用新型活页式、工作手册式教材并配套开发信息化资源。每3年修订1次教材，其中专业教材随信息技术发展和产业升级情况及时动态更新。适应'互联网＋职业教育'发展需求，运用现代信息技术改进教学方式方法，推进虚拟工厂等网络学习空间建设和普遍应用。"河北工业职业技术大学为落实方案精神，并推动"中国特色高水平高职学校和专业建设计划""双高"项目建设，联合河北建工集团、广联达科技股份有限公司等业内知名企业共同开发了基于"工学结合"，服务于建筑业产业升级的系列产教融合创新教材。

该系列丛书的编者多年从事建筑类专业的教学研究和实践工作，重视培养学生的实践技能。他们在总结现有文献的基础上，坚持"立德树人、德技并修、理论够用、应用为主"的原则，基于"岗课赛证"综合育人机制，对接"1+X"职业技能等级证书内容和国家注册建造师、注册监理工程师、注册造价工程师、建筑室内设计师等职业资格考试内容，按照生产实际和岗位需求设计开发教材，并将建筑业向数字化设计、工厂化制造、智能化管理转型升级过程中的新技术、新工艺、新理念等纳入教材内容。书中二维码嵌入了海量的数字资源，融入了教育信息化和建筑信息化技术，包含了最新的建筑业规范、规程、图集、标准等文件，丰富的施工现场图片，虚拟仿真模型，教师微课知识讲解、软件操作、施工现场施工工艺模拟等视频音频文件，以大量的实际案例启发学生举一反三、触类旁通，同时随着国家政策调整和新规范的出台实时进行调整与更新。不仅为初学人员的业务实践提供了参考依据，也为建筑业从业人员学习建筑业新技术、新工艺提供了良好的平台。因此，本丛书既可作为职业院校和应用型本科院校建筑类专业学生用书，也可作为工程技术人员的参考资料或一线技术工人上岗培训的教材。

"十四五"时期，面对高质量发展新形势、新使命、新要求，建筑业从要素驱动、投资驱动转向创新驱动，以质量、安全、环保、效率为核心，向绿色化、工业化、智能化的新型建造方式转变，实现全过程、全要素、全参与方的升级，这就需要我们建筑专业人员更好地去探索和研究。

衷心希望各位专家和同行在阅读此丛书时提出宝贵的意见和建议，在全面建设社会主义现代化国家新征程中，共同将建筑行业发展推向新高，为实现建筑业产业转型升级做出贡献。

全国工程勘察设计大师 梁金国

2021年12月

随着世界的飞速发展，创新仍是在世界各国出现频率非常高的一个词。创新成为经济和社会科技发展的主导力量和重要源泉，而创新思维和创新工具则是创新过程中的关键因素。创新是引领发展的第一动力，创新始终是推动一个国家、一个民族向前发展的重要力量。面向社会成员和在校学生开展创新思维及方法教育，对于培养全民创新意识，掌握创新方法，提升社会创新能力意义重大。

职业教育是以培养生产一线所需要的新技术应用型、适应型人才为目标，注重培养学生应用、适应、技术创新等方面的能力，更应关注企业的技术创新活动，这对正确定位职业教育的功能，规划职业教育的人才培养模式，更好地增强企业的自主创新能力，建设以企业为主体的技术创新体系是十分必要的。因此，通过对创新方法课程的学习，让学生充分了解专业技术的发展现状，尤其对技术应用创新的典型案例及创新思路、方法有较全面的了解和较为深入的理解，启发学生的创新意识、激发学生的创新欲望，同时注重培养学生的独立思维能力、创新能力、合作能力、科技成果转化能力及分析解决问题的能力。

TRIZ 理论被称为发明问题解决理论，为技术创新提供了应用工具和方法，被发达国家广泛应用。我国企业也广泛应用这一理论进行技术创新，其中包括许多建筑工程行业企业，如中国建筑集团有限公司、中国铁建股份有限公司、中国交通建设股份有限公司、中国中铁股份有限公司、重庆交通科研设计院有限公司、西南化工研究设计院有限公司等。这些建筑工程领域创新型企业为本行业创新发展做出了表率。如建筑工程领域企业中铁二院工程集团有限责任公司利用 TRIZ 软件对设计进行创新研究，取得了一系列的成果。

本书以发明问题解决理论为核心，用实际的建筑行业中案例诠释 TRIZ 理论，研究其在建筑行业中的应用。在资料的整理中，收集了国内外在建筑行业中应用的 TRIZ 案例，为将TRIZ 理论引入建筑行业中做了积极的探索。本书共九章：第 1 章主要介绍 TRIZ 的发展及建筑工程领域对 TRIZ 的应用；第 2 章至第 9 章，分别介绍了系统分析方法、理想解与可用资源、40 个发明创新原理及其应用、技术冲突、物理冲突与分离原理、物质－场分析法与标准解、技术进化理论、发明问题解决算法——ARIZ 的基本理论及其在建筑行业中的应用。

本书由河北工业职业技术大学韩宏彦、韩提文、曹珍担任主编，河北工业职业技术大学陈楚晓、李爽、谢园、张瑶瑶、刘芳担任副主编，河北工业职业技术大学刘玉、范泠荷、张士宪、曹宽、谷军明、王丽佳和石家庄金澜装饰工程有限公司王峰参编。全书由韩宏彦策划与统稿，郝永池主审。

由于实施创新教育与专业相融合是一项全新的课题，许多问题尚在探索之中，编者在编写过程中参考了相关论文、资料以及著作和教材，在此特向原作者表示衷心的感谢。

最后，作为 TRIZ 理论的使用者和传播者，我们所做的工作，都是为了实现阿奇舒勒的核心理念，即通过 TRIZ 理论的学习，让每个人都拥有最罕见的天赋和最杰出的思维。同时，更要学习他从不索取回报的伟大精神，他从未说过"给我"，他总是说"请将这个拿去"。这就是一个伟大的发明家为我们树立的光辉榜样。

本书得到了河北工业职业技术大学自然科学项目（编号：zky2020005）及河北省社会科学界联合会青年基金（编号：2020503120）、河北省高等学校科学技术研究项目青年基金（编号：QN2019032）、河北省大中学生科技创新能力培育专项（大学生项目）（编号：2021H011001、2021H011004）的资助。在编写过程中，我们汇总了学习、研究、应用中的体会和成果，也融合部分 TRIZ 网站资料和应用案例，以推动 TRIZ 理论在我国建筑领域应用。

由于编者学习、研究、应用 TRIZ 时间尚短，书中内容如有不妥之处，欢迎广大读者批评指正。

编者

2021 年 11 月

目 录

第3章　理想解与可用资源　　34

第4章　40个发明创新原理及其应用　　44

二维码资源目录

第 1 章

TRIZ 的起源与发展

1.1 TRIZ理论概述

TRIZ 可译为"解决发明创造问题的理论",起源于苏联,英译为 Theory of Inventive Problem Solving,英文缩写为 TIPS。TRIZ 理论是苏联的阿奇舒勒及其带领的一批研究人员,自 1946 年开始,在分析研究了世界各国 250 多万件专利的基础上,所提出的发明问题解决理论。阿奇舒勒坚信:产品或技术系统的进化有规律可循,生产实践中遇到的工程冲突往复出现,彻底解决工程冲突的创新原理容易掌握,其他领域的科学原理可解决本领域技术的发明问题。这些原理不仅可被确认,也可被整理为一种理论,掌握该理论的人不仅可提高发明的成功率、缩短发明的周期,也可使发明问题具有可预见性。

当时,TRIZ 理论属于苏联的国家机密,在军事、工业、航空航天等领域均发挥了巨大作用,成为创新的"点金术",西方发达国家一直望尘莫及。随着苏联的解体,大批 TRIZ 专家移居欧美等发达国家,TRIZ 才为世人所知,传播到世界各地。

利用 TRIZ 理论,设计者能够系统地分析问题,快速找到问题的本质或者冲突,打破思维定式,拓宽思路,准确地发现产品设计中需要解决的问题,以新的视角分析问题。根据技术进化规律预测未来发展趋势,找到具有创新性的解决方案,从而缩短发明的周期,提高发明的成功率,也使发明问题具有可预见性。因此,TRIZ 理论可以加快人们发明创造的进程,而且能得到高质量的创新产品,是实现创新设计和概念设计的最有效方法。由于 TRIZ 将产品创新的核心——产生新的工作原理的过程具体化了,并提出了一系列规则、算法与发明创造原理供研究人员使用,因而使它成为一种较为完善的创新设计理论和方法体系。

目前 TRIZ 被认为是可以帮助人们挖掘和开发自己的创造潜能、最全面系统地论述发明创造和实现技术创新的新理论,被欧美等国家的专家认为是"超级发明术"。在发达国家和地区,TRIZ 受到高度重视,其研究与应用获得很大的普及和发展,并且已为众多知名企业创造了显著的效益。据统计,应用 TRIZ 理论与方法,可以增加 80% ~ 100% 的专利数量,并提高专利的质量;可以提高 60% ~ 70% 的新产品开发效率;可以使产品上市时间缩短 50%。

经过实践检验,TRIZ 理论的应用领域不仅限于工程技术,而且还可拓展到管理、社会、家庭等各个方面。现在，全世界每年都召开 TRIZ 理论学术会议，开展研究、应用的探讨。许多国家和地区也纷纷建立 TRIZ 网站，传递、交流有关信息，举办各种 TRIZ 创新方法大赛。

二维码1　发现创造力

1.2 TRIZ理论的发展与应用

1.2.1 TRIZ理论的发展

从 20 世纪 70 年代开始，苏联建立了各种形式的发明创造学校，成立了全国性和地方性的发明家组织，在这些组织和学校里，可以试验解决发明课题的新技巧，并使它们更加有效。据不完全统计，在当时苏联的 80 座城市里，大约有 100 所这样的学校在工作着，每年都有几千名科技工作者、工程师和大学生在学习 TRIZ 理论。其中，最著名的就是 1971 年在阿塞拜疆创办的世界上第一所发明创造大学。事实上，苏联及东欧的科学家大都采用 TRIZ 做发明创造的工作，不仅在大学理工科开设了 TRIZ 课程，甚至在中、小学阶段也采用 TRIZ 理论对学生进行创新教育。在创新实践方面，苏联大力推广 TRIZ 理论，从而使苏联在 20 世纪 70 年代中期专利申请量跃居世界第二，在冷战时期保持了对美国的军事力量平衡。

苏联解体后，大批 TRIZ 专家移居欧美等发达地区，将 TRIZ 理论系统传入西方，在世界各地得到了广泛的研究与应用。目前，TRIZ 已经成为最有效的创新问题求解方法和计算机辅助创新技术的核心理论。在俄罗斯，TRIZ 理论已广泛应用于众多高科技工程领域中；欧洲以瑞典皇家工科大学 (KTH) 为中心，集中十几家企业开始了利用 TRIZ 进行创造性设计的研究计划；日本从 1996 年开始不断有杂志介绍 TRIZ 的理论、方法及应用实例；在以色列也成立了相应的研发机构；在美国也有诸多大学相继进行了 TRIZ 的技术研究……世界各地有关 TRIZ 的研究咨询机构相继成立，TRIZ 理论和方法在众多跨国公司中迅速得以推广。如今 TRIZ 已在全世界被广泛应用，创造出成千上万项重大发明。

经过半个多世纪的发展，TRIZ 理论和方法加上计算机辅助创新已经发展成为一套解决新产品开发实际问题的成熟理论和方法体系，并经过实践的检验，为众多知名企业和研发机构创造了巨大的经济效益和社会效益。目前，TRIZ 创新方法成为许多现代企业的创新工具，可以轻易解决那些"看似不可能解决的问题"并形成专利，提升企业的核心竞争力，从"跟随者"快速成长为行业的技术"领跑者"。

1.2.2 TRIZ理论的应用

经过多年的发展和实践的检验，TRIZ 理论已经形成了一套解决新产品开发问题的成熟理论和方法体系，在美国的很多企业，如波音、通用、克莱斯勒和摩托罗拉等公司的新产品开发中得到了全面的应用，取得了巨大的经济效益和社会效益。TRIZ 理论普遍应用的结果，不仅提高了发明的成功率，缩短了发明的周期，还使发明问题具有可预见性。TRIZ 理论广泛应用于工程技术领域，并且应用范围越来越广。目前已逐步向其他领域渗透和扩展，由原来擅长的工程技术领域分别向自然科学、社会科学、管理科学、教育科学、生物科学等领域发展，用于指导各领域冲突问题的解决。

Plockwell Automotive 公司针对某型号汽车的刹车系统应用 TRIZ 理论进行了创新设计，通过 TRIZ 理论的应用，刹车系统发生了重要的变化，系统由原来的 12 个零件缩减为 4 个，成本也减少，但刹车系统的功能却没有变化。福特汽车公司遇到了推力轴承在大负荷时出现偏移的问题，通过应用 TRIZ 理论，产生了 28 个问题的解决方案，其中一个非常吸引人的方案是利用小热膨胀系数的材料制造这种轴承，最后很好地解决了推力轴承在大负荷时出现偏移的问题。2003 年，当"非典型肺炎"肆虐中国及其他国家时，新加坡的研究人员利用 TRIZ 的发明创新原理，提出了预防、检测和治疗该种疾病的一系列创新方法和措施，其中不少措施被新加坡政府所采用，收到了非常好的防治效果。

德国进入世界 500 强的企业如西门子、奔驰、大众和博世都设有专门的 TRIZ 机构，对员工进行培训并推广应用，取得了良好的效果。在俄罗斯，TRIZ 理论的培训已扩展到小学生、中学生和大学生，其结果是学生们正在改变他们思考问题的方式，能用相对容易的方法处理比较困难的问题，使其创新能力迅速提高。因此，TRIZ 理论在培养青少年创新能力的过程中，具有巨大的社会意义。

1.2.3　TRIZ理论在建筑行业中的应用概述

在我国，科学技术部、国务院国有资产监督管理委员会、中华全国总工会联合命名了多家"创新型企业"，其中包括中国建筑集团有限总公司、中国铁建股份有限公司、中国交通建设股份有限公司、中国中铁股份有限公司、重庆交通科研设计院有限公司、西南化工研究设计院有限公司等从事建筑工程的大型企业。

中铁二院工程集团有限责任公司利用 TRIZ 软件进行技术研究，取得了一系列的成果。在"既有路堤修建无砟轨道路基"项目的研究工作中，通过 TRIZ 分析，取得了红色粉砂岩"冲击碾压补强结合封闭排水"加固的技术方案，对高速铁路设计和施工具有重要的指导意义，该技术成果已经应用于浙赣线 200km/h 提速改造工程，取得了良好的社会和经济效益，具有较高的应用和推广价值。在"铁路桥梁减隔震支座研究"项目中，通过 TRIZ 分析，采用 ZX 型减隔震支座降低高烈度地震区桥梁墩台的水平地震作用，大大减少了墩台的配筋量，解决了高烈度地震区桥梁墩台配筋困难的问题，同时提高了桥梁抗震的安全性。中建八局第一建设有限公司将 TRIZ 理论应用于建筑工程设计、施工方案的优化，改变了当前许多建筑施工企业在项目实践中为提高工作效率、减小劳动强度、降低工程成本、确保工程质量，所采用的方法有头脑风暴法、对比法、经验法等。

现代社会中大量人群不断地涌入城市中去生活，为满足人们的居住需求，城市就不得不启动大量的高楼建设项目，而高层楼房的布局设计好坏是影响楼房质量和人们生活质量及安全的重要因素。TRIZ 创新理论，分析现代高层楼房所遇到的种种技术问题，从中提取技术冲突，利用相应的创新原理，改善了目前高层楼房布局设计的可行方案。作为当今最有效的技术创新方法之一，TRIZ在我国的推广工作已经进入了快速普及阶段，在今后的技术创新中，将会取得更大的成绩。

1.3　TRIZ的基本理论体系及主要内容

1.3.1　TRIZ的基本理论体系

在分析专利过程中，阿奇舒勒从不同的角度，利用不同的分析方法分析这些专利，总结出了多种规律。如果按照抽象程度由高到低进行划分，可以将经典TRIZ中的这些规律表示为一个金字塔结构，如图1-1所示。

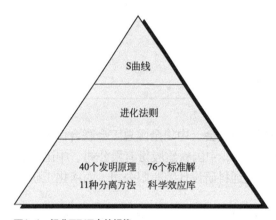

图1-1　经典TRIZ中的规律

随着TRIZ的不断发展和完善，TRIZ不仅增加了很多新发现的规律和方法，还从其他学科和领域中引入了很多新的内容，从而极大地丰富和完善了TRIZ的理论体系。图1-2为TRIZ基本理论体系结构。图中比较详细和形象地展示了TRIZ的内容和层次，可见TRIZ是一个比较完善的理论体系。这个体系包括：以辩证法、系统论、认识论为指导；以自然科学、系统科学和思维科学为科学支撑；以海量的专利分析和总结为理论基础；以技术系统进化论法则为理论主干；以技术过程、冲突、资源、理想化最终结果为基本概念；以解决工程技术问题和复杂发明问题所需的各种问题分析工具、问题求解工具和解题流程操作工具。

二维码2　TRIZ框架与经典理论体系

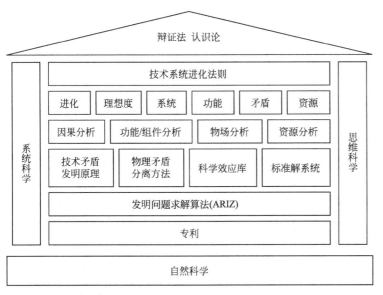

图1-2　TRIZ基本理论体系结构

1.3.2　TRIZ理论的主要内容

TRIZ 理论的体系庞大，主要包括以下内容：

（1）产品进化理论　发明问题解决理论的核心是技术系统进化理论，该理论指出技术系统一直处于进化之中，解决冲突是进化的推动力。进化速度随着技术系统一般冲突的解决而降低，使其产生突变的唯一方法是解决阻碍其进化的深层次冲突。TRIZ 中的产品进化过程分为 4 个阶段：婴儿期、成长期、成熟期和衰退期。处于前两个阶段的产品，企业应加大投入，尽快使其进入成熟期，以使企业获得最大的效益；处于成熟期的产品，企业应对其替代技术进行研究，使产品获得新的替代技术，以应对未来的市场竞争；处于衰退期的产品使企业利润急剧下降，应尽快淘汰。这些可以为企业产品规划提供具体的、科学的支持。产品进化理论还研究产品进化定律、进化模式与进化路线，沿着这些路线设计者可以较快地取得设计中的突破。

（2）分析　分析是 TRIZ 的工具之一，是解决问题的一个重要阶段，包括产品的功能分析、理想解的确定、可用资源分析和冲突区域的确定。功能分析的目的是从完成功能的角度分析系统子系统和部件。该过程包括裁减，即研究每一个功能是否必要，如果必要，系统中的其他元件是否可以完成其功能。设计中的重要突破、成本或复杂程度的显著降低往往是功能分析及裁减的结果。假如在分析阶段问题的解已经找到，可以转到实现阶段；假如问题的解没有找到，而该问题的解需要最大限度的创新，则采用基于知识的三种工具——原理、预测和效应来解决问题。在很多的 TRIZ 应用实例中，三种工具需要同时采用。

（3）冲突解决原理　原理是获得冲突解所应遵循的一般规律，TRIZ 主要研究技术与物理两种冲突。技术冲突是指传统设计中所说的折中，即由于系统本身某一部分的影响，所需要的状态不能达到；物理冲突是指一个物体有相反的需求。TRIZ 引导设计者挑选能解决特定冲突的原理，其前提是要按标准参数确定冲突，然后利用 39×39 条标准冲突和 40 条发明创造原理解决冲突。

（4）物质－场分析　阿奇舒勒对发明问题解决理论的贡献之一是提出了功能的物质－场的描述方法与模型。其原理为：所有的功能可分解为两种物质和一种场，即一种功能是由两种物质及一种场的三元件组成。产品是功能的一种实现，因此可用物质－场分析产品的功能，这种分析方法是 TRIZ 的工具之一。可通过物质－场分析法描述的问题一般称为标准问题，可采用 76 个标准解法进行求解。

（5）效应　效应是指应用本领域以及其他领域的有关定律解决设计中的问题，如采用数学、化学、生物和电子等领域中的原理解决机械设计中的创新问题。

（6）发明问题解决算法 ARIZ　TRIZ 认为，一个问题解决的困难程度取决于对该问题的描述或程式化方法，描述得越清楚，问题的解就越容易找到。TRIZ 中发明问题求解的过程是对问题不断描述、不断程式化的过程。经过这一过程，初始问题最根本的冲突被清楚地暴露出来，能否求解已很清楚。如果已有的知识能用于该问题则有解，如果已有的知识不能解决该问题则无解，需等待自然科学或技术的进一步发展，该过程是靠 ARIZ 算法实现的。

ARIZ(Algorithm for Inventive Problem Solving) 称为发明问题解决算法，是 TRIZ 的一种主要工具，是解决发明问题的完整算法。该算法主要针对问题情境复杂、冲突及其相关部件不明确的技术系统，通过对初始问题进行一系列分析及再定义等非计算性的逻辑过程，实现对问题的逐步深入分析和转化，最终解决问题。该算法特别强调冲突与理想解的标准化方面技术系统向理想解的方向进化，另一方面如果一个技术问题存在冲突需要克服，该问题就变成一个创新问题。

ARIZ 中冲突的消除有强大的效应知识库的支持，效应知识库包括物理的、化学的、几何的等效应。作为一种规则，经过分析与效应的应用后问题仍无解，则认为初始问题定义有误，需对问题进行更一般化的定义。应用 ARIZ 取得成功的关键在于没有理解问题的本质前，要不断地对问题进行细化，一直到确定了物理冲突，该过程及物理冲突的求解已有软件支持。

1.3.3　TRIZ理论的基本概念

数学、物理、化学等科学领域，机械、化工、自动化等工程领域都以很多基本概念为基础，如几何中的点、线、面，物理中的位移、速度、加速度、力、能量、动量等。概念是对客观世界本质的概括，具有与时间无关、抽象、广泛适用、可以用各种案例说明等特点，构成了科学、技术或工程各领域的基础。TRIZ 在诞生及后续的发展过程中，形成了一些基本概念，这些概念也是 TRIZ 的基础。另外，TRIZ 也采用了其他学科领域中已存在的一些概念，学习这些概念，对理解及应用 TRIZ 十分重要。下面简单介绍 TRIZ 中一些基本概念：

物质-场分析方法：利用物质和场来描述系统问题的方法叫作物质-场分析方法，又称为物质-场理论。

功能：物体作用于其他物体并改变其参数的行为。功能描述了系统或组件是用来做什么的。

子系统（组件）：技术系统的组成部分。

作用对象：功能的承受者。

制品：技术系统施加功能的对象。

效应：在特定条件下，在技术系统中实施自然规律的技术结果，是场（能量）与物质之间的互动结果。效应也可以看作是一种功能，它使用物质、场或二者的组合，将输入作用转换为所需的输出作用。

单系统：单一的系统。

双系统：两个系统。

多系统：多个系统。

物质－场：由两种物质和一种场组成的系统。

外部条件：系统以外的环境、情况等限制因素。

几何效应：在几何学中使用的效应。

标准问题：存在某种明显的问题，并且知道某种已知的（标准的）求解方法。

非标准问题：除了标准问题之外的问题，都称为非标准问题。

工程问题：在工程领域出现的技术问题。

技术系统进化法则：技术系统与生物系统一样，也有一个进化发展的过程，并且这一进化发展过程具有一定的规律性，其技术系统进化发展的规律就称为技术系统进化法则。

理想化的最终结果：系统在最小程度改变的情况下能够实现最大程度的自服务。

理想系统：没有实体，没有物质，也不消耗能量，但能实现所有需要的功能。

理想过程：只有过程的结果，而无过程本身，突然就获得了结果。

理想资源：存在无穷无尽的资源，供随意使用，而且不必付费。

理想方法：不消耗能量及时间，仅通过自身调节，就能获得所需的功能。

理想物质：没有物质，功能得以实现。

资源：一切可被人类开发和利用的物质、能量和信息的总称。

思维定式：在过去获得的经验和知识的基础上形成的感性认识，逐渐沉淀为某种特定的认知模式。

冲突：在事物中存在的既对立又统一的现象。

小人法：当系统内的某些组件不能完成其必要的功能，并表现出相互冲突的作用时，用一组小人来代表这些不能完成特定功能的部件。通过能动的小人，实现预期的功能。然后，根据小人模型对结构进行重新设计。

九屏幕法：由技术系统、子系统、超系统以及这三个系统的过去和未来组成九个屏幕。

STC 算子：尺寸（S）－时间（T）－成本（C）算子。它是将尺寸、时间和成本因素进行一系列变化的思维试验。

金鱼法：从幻想式解决构想中区分现实和幻想的部分，然后再从解决构想的幻想部分分出现实与幻想两部分。这种划分反复进行，直到确定问题的解决构想能够实现时为止。

创新原理：解决工程问题的一些常用方法。

技术冲突：两个参数之间的冲突，改善系统的某一个参数导致另一个参数的恶化。

物理冲突：针对一个参数产生的不同要求而产生的冲突。

技术系统：由物质组件组成，为满足人们（社会）的需求而实现某种功能的系而必须采取的动作统，该系统必须有一个功能由其子系统共同完成。

超系统：包含技术系统及与其有关的其他系统的系统。

S 曲线：技术系统和生物系统一样，会经历产生、发展、成熟和灭亡的一系列过程，该过程是一个逐渐增长、最后下降的变化过程。

冲突矩阵：由 39 个工程参数组成第一行和第一列的一个表格。

发明的级别：不同的发明可能会对系统、社会、人类等产生不同的影响，按照影响的程度可把发明分为不同的等级，即发明的级别。

二维码3　TRIZ的基本解法

因果链：根本原因与结果之间存在的一系列因果关系。

元素：相对来说是整体的不可分的部分；一些对象一起组成系统，元素是该系统属性范围内保留的不可分割的部分。

理想度：有用功能 /（有害功能 + 成本消耗）。

1.4　TRIZ的五个级别发明

阿奇舒勒和他的同事们，通过对大量的专利进行分析后发现，各国不同的发明专利内部蕴含的科学知识、技术水平都有很大的区别和差异。以往在没有分清这些发明专利的具体内容时，很难区分出不同发明专利存在的知识含量、技术水平、应用范围、重要性、对人类贡献的大小等问题。因此，把各种不同的发明专利依据其对科学的贡献程度、技术的应用范围及为社会带来的经济效益等情况，划分一定的等级加以区别，以便更好地推广和应用。在TRIZ 理论中，阿奇舒勒将发明专利或发明创造分为以下 5 个等级。

第一级——最小发明问题：指通常的设计问题，或对已有系统的简单改进。这一类问题的解决主要凭借设计人员自身掌握的知识和经验，不需要创新，只是知识和经验的应用。如用厚隔热层减少建筑物墙体的热量损失，用承载量更大的重型卡车替代轻型卡车，以实现运输成本的降低。该类发明创造或发明专利占所有发明创造或发明专利总数的 32%。

第二级——小型发明问题：指通过解决一个技术冲突对已有系统进行少量改进。这一类问题的解决主要采用行业内已有的理论、知识和经验即可实现。解决这类问题的传统方法是折中法，如在焊接装置上增加一个灭火器、可调整的方向盘、可折叠野外宿营帐篷等。该类发明创造或发明专利占所有发明创造或发明专利总数的 45%。

第三级——中型发明问题：指对已有系统的根本性改进。这一类问题的解决主要采用本行业以外的已有方法和知识，如汽车上用自动传动系统代替机械传动系统，电钻上安装离合器，计算机上用的鼠标等。该类的发明创造或发明专利占所有发明创造或发明专利总数的 18%。

第四级——大型发明问题：指采用全新的原理完成对已有系统基本功能的创新。这一类问题的解决主要从科学的角度而不是从工程的角度出发，充分挖掘和利用科学知识、科学原理实现新的发明创造，如第一台内燃机的出现、集成电路的发明、充气轮胎的发明、记忆合金制成的锁、虚拟现实的出现等。该类的发明创造或发明专利占所有发明创造或发明专利总数的 4%。

第五级——重大发明问题：指罕见的科学原理导致一种新系统

二维码4　专利的基本知识

的发明、发现。这一类问题的解决主要是依据自然规律的新发现或科学的新发现，如计算机、形状记忆合金、蒸汽机、激光、晶体管等的首次发现。该类的发明创造或发明专利的总数与所有发明创造或发明专利总数之比不足 1%。

实际上，发明创造的级别越高，获得该发明专利时所需的知识就越多，这些知识所处的领域就越宽，搜索有用知识的时间就越长。同时，随着社会的发展、科技水平的提高，发明创造的等级随时间的变化而不断降低，原来初期的最高级别的发明创造逐渐成为人们熟悉和了解的知识。发明创造的等级划分见表 1-1。

表1-1　发明创造的等级划分

发明级别	创新程度	知识来源	试错法尝试次数	比例 /%
第1级	对系统中个别零件进行简单改进（常规设计）	利用本行业中本专业的知识	<10	32
第2级	对系统的局部进行改进（小发明）	利用本行业中不同专业的知识	10～100	45
第3级	对系统进行本质性的改进，大大提升了系统的性能（中级发明）	利用其他行业中本专业的知识	100～1000	18
第4级	系统被完全改变，全面升级了现有技术系统（大发明）	利用其他科学领域中的知识	1000～10000	4
第5级	催生了全新的技术系统，推动了全球的科技进步（重大发明）	所用知识不在已知的科学范围内，是通过发现新的科学现象或新物质来建立全新的技术系统	>100000	<1

由表 1-1 可以发现：约 95% 的发明专利是利用了行业内的知识，只有少于 5% 的发明专利是利用了行业外的及整个社会的知识。因此，如果企业遇到技术冲突或问题，可以先在行业内寻找答案；若不可能，再向行业外拓展，寻找解决方法。若想实现创新，尤其是重大的发明创造，就要充分挖掘和利用行业外的知识，正所谓"创新设计所依据的科学原理往往属于其他领域"。

由表 1-1 还可以看出，第 3～5 级的专利才会涉及技术系统的关键技术和核心技术。比例高达 77% 的第 1、2 级发明创造处于低水平状态，一般来说使用价值不大，而这一部分发明创造中非职务发明人占了绝大多数的比例。他们为发明创造贡献了自己的热情，投入了大量的人力、物力和财力，但由于技术等级所限注定收效不高，这与他们选择的发明方向和发明方法有着不可分割的联系。让发明人，尤其是非职务发明人掌握正确的发明创新方法，找准发明方向，提高发明创造的等级，正是 TRIZ 理论的魅力所在。需要说明的是，任何一种方法都不是万能的，都有一定的局限性，TRIZ 理论只适用于第 2～4 级专利的产生。

1.5　国家标准《创新方法应用能力等级规范》简介

当前，我国正处在经济社会和科技事业发展的重要战略机遇期，在建设创新型国家的过程中，推进创新方法工作对有效提升创新能力和水平起到重要支撑作用。由多家单位起草的推荐型国家标准《创新方法应用能力等级规范》（GB/T 31769—2015）于 2015 年发布并实施。

国家标准《创新方法应用能力等级规范》规定了创新方法应用能力的术语和定义、等级划分和能力要求，适用于创新方法专业人员应用能力评估。该标准的制定和执行是完善我国创新方法工作评估体系和增强我国创新方法应用能力的重要手段，对于我国整体科技发展水平的提高具有重大意义。

二维码5　创新方法应用能力等级规范

本标准指出：所谓创新方法（innovation method）是指"应用一种或多种科学思维、科学方法、科学工具实现创新的技术"。创新方法应用能力（applied competence of innovation method）是指"经证实的掌握创新方法的专业人员具有的个人素质和解决工程技术与管理问题的本领"。

本标准定义了创新思维、TRIZ、工业工程等方面的术语。本标准定义了创新方法应用能力等级，共分六级，六级为最高。例如，创新方法应用能力一级应达到的能力要求是：

（1）创新思维技法

① 了解阻碍创造性思维的思维定式类型和突破方法；

② 掌握创造性思维方式；

③ 熟练应用2种或2种以上创新思维技法。

（2）TRIZ方法

① 了解TRIZ的工具体系和解题模式；

② 了解产品进化的S曲线和技术系统进化法则；

③ 能够判断当前产品研发和设计过程中的矛盾问题，掌握确定矛盾的方法和步骤，掌握分析和解决矛盾问题的流程；

④ 能够运用流程与方法解决实际工程问题，产生有效的创新方案构思。

（3）工业工程方法

① 熟悉工业工程基本概念及组织架构；

② 了解工作研究、人因工程、物流工程、生产运作与管理以及生产系统信息化基本方法；

③ 熟悉精益生产的基本概念，了解精益生产的技术体系、精益物流与现场管理技术；

④ 熟悉六西格玛的基本概念，了解六西格玛的方法与管理体系，以及DMAIC实施过程。

习题

1. 什么是TRIZ？ TRIZ理论是如何产生的？

2. TRIZ理论的主要内容和理论体系是什么？

3. 发明创造的等级划分为几个级别？划分发明级别的意义是什么？

4. TRIZ理论有哪些成功的应用以及在建筑行业的应用有哪些？

第2章

系统分析方法

在面对一个技术问题，尤其是面对一个棘手的创新问题的时候，牵涉的因素往往很多。这时，分析问题是解决问题的关键，要将抽象的系统转化为功能模型，以便了解产品所需具备的功能与特征，要理顺问题产生的原因，充分挖掘技术系统内外部资源，以找到最有效解决问题的方案。

2.1 系统与系统思维

"系统"反映了人们对事物的一种认识论，即系统是由两个或两个以上的元素相结合的有机整体，系统的整体不等于其局部的简单相加。亚里士多德说过"整体大于部分之和""宇宙、自然、人类，一切都在一个系统的运转系统之中！世界是关系的集合体，而非实物的集合体。"这是人们早期对系统最朴素的认知。随着人们对自然系统认知的加深，形成了系统的原始概念。再由自然系统到人造系统和复合系统，逐渐深入，形成了系统的概念。

朴素的系统观是指一个能够自我完善，达到动态平衡的元素集合（生物链、环境链），如一个池塘。系统一般是一个可以自我完善的，并且能够动态平衡的物品集合，如季节周而复始的变化形成的气象系统、动物种群相互依存的食物链系统、水循环系统等。

系统这一概念揭示了客观世界的某种本质属性，有无限丰富的内涵和外延，其内容就是系统论或系统学。系统论作为一种普遍的方法论，是人类所掌握的最高级思维模式。

2.1.1 系统的层级

系统是由若干要素以一定结构形式联结构成的具有某种功能的有机整体。系统必备的三个条件是：

① 至少要有两个或两个以上的要素组成。

② 要素之间相互联系、相互作用、相互依赖和相互制约，按照一定方式形成一个整体。

③ 整体具有的功能是各个要素的功能中所没有的。

系统的层级包括子系统、系统和超系统,即系统是由要素组成的,若组成系统的要素本身也是一个系统(即这些要素是由更小的要素组成),则称这样的要素为子系统。反之,若一个系统是较大系统的一个要素,则称较大系统为超系统,比如汽车系统(图2-1)。

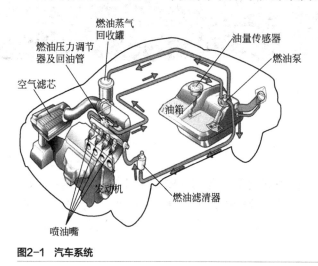

图2-1 汽车系统

2.1.2 系统思维

系统思维就是把认识对象作为系统,从系统和要素、要素和要素、系统和环境的相互联系、相互作用中综合地考察认识对象的一种思维方法。系统思维不同于创造思维或形象思维等本能思维形态,它能极大地简化人们对事物的认知,给人们带来整体观。

系统思维方式的主要特征是整体性、结构性、立体性、动态性、综合性。

(1)整体性 系统思维方式的整体性是由客观事物的整体性所决定的,是建立在整体与部分之辩证关系基础上的。整体与部分密不可分。整体的属性和功能是部分按一定方式相互作用、相互联系所造成的。而整体也正是依据这种相互联系、相互作用的方式实行对部分的支配。

(2)结构性 系统思维方式的结构性,就是把系统科学的结构理论作为思维方式的指导,强调从系统的结构去认识系统的整体功能,并从中寻找系统的最优结构,进而获得最佳系统功能。系统结构是与系统功能紧密相连的,结构是系统功能的内部表征,功能是系统结构的外部表现。系统中结构和功能的关系主要表现为系统的结构决定系统的功能。在一定要素的前提下,有什么样的结构就有什么样的功能。优化结构就能产生最佳功能,非优化结构不能产生最佳功能,这是结构决定功能的一个具有方法论意义的观点。

(3)立体性 立体思维以纵横交错的现代科学知识为思维参照系,使思维对象处于纵横交错的交叉点上。系统立体思维方式把思维客体作为系统整体来思考,既注意进行纵向比较,又注意进行横向比较;既注意了解思维对象与其他客体的横向联系,又能认识思维对象的纵向发展,从而全面准确地把握思维对象。

（4）动态性　系统的稳定是相对的。任何系统都有自己生成、发展和灭亡的过程。思维动态性主要表现在两个方面：一是系统内部诸要素的结构及其分布位置随时间不断变化；二是系统都具有开放的性质，总是与周围环境进行物质、能量、信息的交换活动。因此，系统处于稳定状态，并不是讲系统没有什么变化，而是始终处于动态之中、不断演化之中。

（5）综合性　思维的综合性有两方面的含义：一是任何系统整体都是这些或那些要素为特定目的而构成的综合体；二是任何系统整体的研究都必须对它的成分、层次、结构、功能、内外联系方式的立体网络作全面的综合的考察，才能从多侧面、多因果、多功能、多效益上把握系统整体。系统思维方式的综合已经是非线性的综合，是从"部分相加等于整体"上升到"整体大于部分相加之和"的综合，它对于分析由多因素、多变量、多输入、多输出构成的复杂系统的整体是行之有效的。

二维码6　TRIZ的创新思维

2.1.3　系统分析

从广义上说，系统分析就是系统工程；从狭义上说，系统分析就是对特定的问题，利用数据资料及有关管理科学的技术和方法进行研究，以解决方案和决策的优化问题的方法和工具。系统分析 (System Analysis) 这个词是美国兰德公司在 20 世纪 40 年代末首先提出的，最早应用于武器技术装备研究，后来转向国防装备体制与经济领域。随着科学技术的发展，其适用范围逐渐扩大，包括制订政策、组织体制、物流及信息流等方面的分析。

美国兰德公司的代表人物之一希尔认为，系统分析的要素有五点：

① 期望达到的目标。复杂系统是多目标的，常用图解方法绘制目标图或目标树。确立目标及其手段是为了获得可行方案。可行方案是诸方案中最强壮 (抗干扰)、最适应 (适应变化了的目标)、最可靠 (任何时候可正常工作)、最现实 (有实施可能性) 的方案。

② 达到预期目标所需要的各种设备和技术。

③ 达到各方案所需的资源与费用。

④ 建立方案的数学模型。

⑤ 按照费用和效果优选的评价标准。

系统分析的要素主要包括目的、方案和模型，其实质是：

① 应用科学的推理步骤，使系统中一切问题的剖析均能符合逻辑原则，顺乎事物发展规律，尽力避免其中的主观臆断性和纯经验性。

② 借助数学方法和计算手段，使各种方案的分析比较定量化，以具体的数量概念来显示各方案的差异。

③ 根据系统分析的结论，设计出在一定条件下达到人尽其才、物尽其用的最优系统方案。

进行系统分析必须坚持外部条件与内部条件相结合，当前利益与长远利益相结合，局部利益与整体利益相结合，定量分析与定性分析相结合的一些原则。系统分析的主要步骤是：

① 对研究的对象和需要解决的问题进行系统的说明，目的在于确定目标和说明该问题的重点和范围。

② 收集资料，在系统分析基础上，通过资料分析各种因素之间的相互关系，寻求解决问题的可行方案。

③ 依系统的性质和要求，建立各种数学模型。

④ 运用数学模型对比并权衡各种方案的利弊得失。

⑤ 确定最优方案。通过分析，若不满意所选方案，则可按原步骤重新分析。一项成功的系统分析需要对各方案进行多次反复循环与比较，方可找到最优方案。

TRIZ 的系统分析包括功能分析和组件分析两部分。

① 功能分析：是从系统抽象的功能角度来分析系统，分析系统执行或完成其功能的状况。

② 组件分析：是从系统具体的组件角度来分析系统，分析每一个组件实现功能的能力状况。

TRIZ 的系统分析流程如图 2-2 所示。

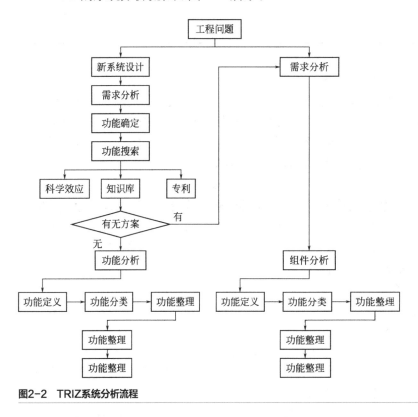

图2-2 TRIZ系统分析流程

2.2 功能分析

功能分析的主要目的是将抽象的系统具体化，以便于设计者了解产品所需具备的功能与特征。通过定义与描述系统元件所需达到的功能以及元件之间或与外界环境的相互作用来分析整体系统，能够协助设计人员化繁为简，合理地进行创新设计。所以，功能分析方法在产品设计与制造、可靠性评估、自动化控制等许多领域得到广泛应用。

2.2.1 功能的概念

产品设计是包含需求分析、概念设计、技术设计及详细设计的复杂过程。概念设计阶段的根本任务是产生满足需求功能的原理解，即根据用户需求确定产品的总功能，或称为需求功能，将需求功能转变成功能结构，之后将功能结构转变为产品结构，或称为物理结构。概念设计是面向功能的设计过程。

功能是概念设计中的关键因素，这一观点在各种设计理论和方法中得到了广泛认同。这些设计理论和方法有的给出了详细而精确的步骤以指导设计过程，如系统化设计理论依据物料流、能量流和信号流将产品的总功能分解为分功能和功能元，公理设计利用独立公理和信息公理保证功能设计的合理性；有的给出了功能的形式化表达以减少设计过程中的不确定性，如功能基使功能结构的开发具有可重复性。

产品功能分析是概念设计过程中的一个重要环节，它起着承上启下、传递并生成设计信息、主导创新原理产生的重要作用。近年来，随着人们对产品概念设计的深入研究，对于功能的抽象化表达、功能分类、功能分解、功能基以及功能标准化等方面的研究越来越多。

20 世纪 40 年代美国通用电气公司工程师迈尔斯首先提出功能 (function) 的概念，并把它作为价值工程研究的核心问题。迈尔斯认为顾客要购买的是产品的功能而不是产品本身，功能体现了顾客的某种需要。

Koller 将功能定义为输入和输出之间的因果关系，即 "什么" 应当转变为 "什么"。Koller 定义了 12 对基本功能：放出与吸收、传导与绝缘、集合与扩散、引导与不引导、转变与回复、放大与缩小、变向与变向、调整与振动、连接与隔断、结合与分离、接合与分开、贮存与取出。Koller 认为技术系统中一切过程都可以归诸于这 12 对功能，也就是说它们可以构成一切复杂的系统。

Pahl 和 Beitz 将功能定义为以完成任务为目的，系统的输入与输出之间的一般关系。从系统的观点出发，可将系统的功能分为总功能和分功能。每个系统都有其总功能，对系统整体的功能要求就是该系统所具有的总功能，系统输入、输出的能量、物料、信息的差别和关系反映了系统的总功能。Pahl 和 Beitz 定义了五种通用功能：转变、变化、连接、导通和贮存。但同时他们指出，在许多情况下不宜用通用功能来建立功能结构，因为它们构造得太一般，以至于在后续的求解方面不能给出足够具体的相互关系设想。

Hubka 将功能定义为反映输入与输出间关系的技术函数。产生若干表现为一定功能的功能部件，称为机体。根据功能结构，Hubka 把机械系统归为以下几类：工作机体、辅助机体、驱动机体、控制调节和自动化机体、连接和支撑机体。

功能是一个主观的概念，对于相同的行为或物理现象，不同的人或相同的人在不同的时刻，从不同的侧面，可以得到不同的表示。因此，功能不仅与物理现象有关，而且与设计者的意图以及观察角度有关。在以往的研究中，功能主要有三种表达方法：

① 动词 + 名词，功能 = 工作 + 对象；

② 输入、输出变换，输入、输出可以是能量、物质或信息；

③ 行为、状态间的输入、输出变换。

为了更好地描述语言表达功能，已提出了功能基的概念，并将其作为一种标准的设计语言。功能基包含两类术语，即功能与流，前者用主动动词描述，后者用名词描述。功能基可以描述所有的工程领域，而术语是独立的。其中的功能基分为八类，称为类功能或基类，每类还可以分为第二级及第三级，后两类提高了专门化的程度。基类表示功能的宽泛概念，第二级及第三级描述功能的细节。第二级功能包含21个主动动词，是经常采用的功能描述。表2-1表示了第一级及第二级功能基的所有主动动词。其中，在功能定义中禁止使用"不"替代否定动词。如：不能说"陶瓷不能传导电流"，而要说"陶瓷阻碍电流"；不能说"河堤缺口不能阻止河水"，而要说"河堤缺口引导河水"。功能对象必须是组件，不能是组件参数，并且需要针对特定条件下的具体技术系统进行功能陈述。

功能基中的流集描述功能的输入与输出关系。与功能基相似，流集也分为三级，流的基类包括能量、物料、信号；第二级包含20个名词，这些名词经常被采用。表2-2描述了第一级及第二级流基的名称。

表2-1 功能基及其分类

一级	分开	引导	链接	控制	转换	供应	发信号	支持
二级	分离	引入	结合	启动	转换	存储	感知	稳定
	散布	输出	混合	调节		供给	显示	保证
		传递		改变			处理	安置
		引导		停止				

表2-2 流基及其分类

一级	物料	信号	能量		
二级	人	状态	人	电	机械
	气体	控制	声学	电磁	气动
	液体		生物学	液压	放射性
	固体		化学	磁	热
	等离子体				
	混合物				

2.2.2 功能分类

一个产品或系统可能要完成多种功能，在这些功能中只有一类是主功能 (primary function，PF) 或称基本功能 (basic function，BF)，即系统存在的目的。第二类是辅助功能 (auxiliary function，AF)，该类功能是支持基本功能并使之实现的功能。辅助功能是特定设计的结果，如果改变设计，其中的一些可能要改变或取消。

每个系统提供一个或多个有用功能（useful function，UF），如主功能或辅助功能，然而系统中还存在有害功能（harmful function，HF），该类功能是不希望存在的。如一辆汽车的主要功能是载人或物，但同时也产生了噪声、振动、污染，这些都是有害功能。有用功能实现的同时，常常伴随有害功能的出现。

2.2.3　功能分解及结构

为了便于寻求满足产品总功能的原理方案，对产品总的输入、输出描述为总功能，总功能分解成若干分功能，一直分解到功能元，将系统的各个功能元用流有机地组合起来就得到功能结构。产品功能用"动词 + 名词"的形式表示，输入、输出由用户需求确定，如图 2-3 所示。

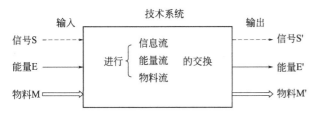

图2-3　产品总功能

功能分解的目的是将复杂的设计问题简化。通过功能分解，产品的总功能分解成若干功能元，将系统的各个功能元用流有机地组合起来就得到功能结构。一个功能结构可以抽象地表达一件产品及顾客对它的需求。功能结构是产品设计知识、设计意图的最直接表达，在产品设计和分析中具有重要的作用。功能结构的建立是通过用户需求分析确定总功能，进而将其分解为分功能、功能元的过程。功能元是已有零部件、过程的抽象，功能结构是功能分析结果的一种表达方式。

【例 2-1】 建立图 2-4 所示普通指甲刀的功能结构。
解：指甲刀具有剪掉指甲及修正指甲两个主功能，还有一些辅助功能。功能结构建立的步骤如下。
第一步：确定指甲刀的总功能和输入、输出流，如图 2-5 所示。指甲刀的总功能为剪指甲，输入流有指甲、手指以及手指力，输出流为剪掉的指甲、手指、保留的指甲以及反作用力和动能。

图2-4　普通指甲刀

图2-5　剪指甲刀的总功能

第二步：将指甲刀的总功能分解为子功能，建立功能树，如图2-6所示，粗线框为最底层子功能，即功能元。

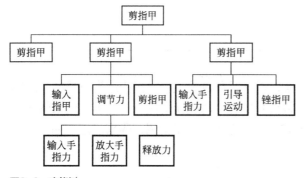

图2-6 功能树

第三步：考虑从输入到输出或到转换处对流的每个操作，为每个输入流建立功能链，如图 2-7 所示。

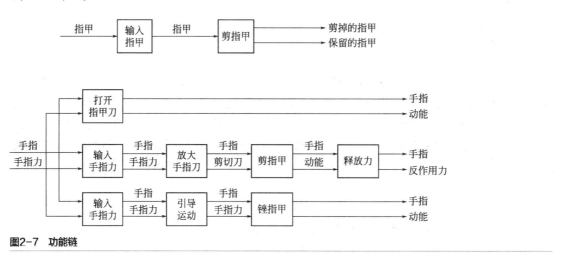

图2-7 功能链

第四步：连接各功能链，合并重复的部分，得到指甲刀的功能结构，如图 2-8 所示。

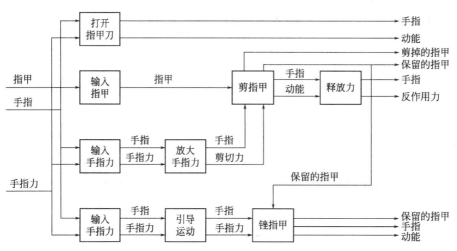

图2-8 指甲刀的功能结构

2.2.4　功能模型的建立及分析

功能模型是产品或过程的一种描述，按这种描述，基本功能的组合能满足总功能或目的需求。功能模型的一种图形表达方法是功能结构，这种结构对设计者简明适用。功能模型分析是指对系统进行分解，得到标准、不足、过剩、有害作用，帮助技术人员更详细地理解工程系统中部件之间的相互作用。由设计的观点看，任何系统内的元件必有其存在的目的，即提供功能。运用功能分析，可以重新发现系统元件的目的和其性能表现，进而发现问题的症结，并运用其他方法进一步加以改进。

运用功能分析，将已有产品或基础产品，以模块化的方式，将功能和元件具体表达出来。功能模型建立的过程分为两步：

① 确定元件、制品、超系统。

② 进行作用（或连接）分析。

在功能模型中，元件、制品与超系统以形状区别。通过建立产品功能模型的过程，可以发现有害作用、不足作用及过剩作用，之后应用 TRIZ 中的发明原理、分离原理、标准解以及相应的知识库等解决，最后完成现有产品的改进设计，推进产品进化的过程。功能模型要素代号及图例，如表 2-3 所示。

表2-3　功能模型要素代号及图例

功能分类	功能等级	性能水平	成本水平
有用功能	基本功能B	正常N	微不足道的Ne
	辅助功能Ax	过度E	可接受的Ac
	附加功能Ad	不足I	难以接受的Ua
有害功能	H		
功能图形	正常功能 ⟶		
	过度功能 ⟶		
	不足功能 ⤍⟶		
	有害功能 〜〜〜⟶		
元件图形	系统	矩形框	▭
	超系统	六菱形	⬡
	制品	圆角矩形	▢

元件：是所设计系统之组成分子。如同一个产品的组成零件，小到齿轮、螺母，大至一个由许多零件组成的系统，都可以认为是一个元件。

制品：是系统所要达到的目的。例如：汽车的主要功能是载货或人，因此，该系统的目的或制品是货物或人；杯子的主要功能是装流体，因此，制品是流体；电灯的主要功能是照明，因此，制品是光；笔的主要功能是书写，因此，制品是墨水；手表的功能是计时，时间是抽象的概念，不能作为制品，因此，这里的制品是时针、分针、秒针。根据它们的位置，才产生时间的概念。

超系统：这是影响整个分析系统的要素，但设计者不能针对该类要素进行改进，包含以下原因。

① 超系统不能删除或重新设计。

② 超系统可能使工程系统出现问题。

③ 超系统可以作为工程系统的资源，也可以作为解决问题的工具。

超系统在对系统有影响时才列入。例如在公共汽车系统中发动机、轮子、车身、底盘等为元件，人为制品、路面为超系统。

建立产品功能模型的过程为：

① 选定现有产品或系统以及与之有输入、输出关系的各超系统。

② 确定系统与各超系统的输入与输出及系统的制品。

③ 确定各功能元件。通常简单系统较容易确定各功能元件。

④ 确定各个作用并判断其类型。

⑤ 将作用连接各功能元件并绘制系统功能模型。

该过程的核心是③。

【例2-2】 眼镜作为一个技术系统，由镜片、镜框、镜脚组成，镜脚又由金属杆和塑料套组成，而手、眼睛、耳朵、鼻子和光线就是系统作用对象。其功能模型见图2-9。

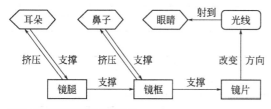

图2-9 眼镜系统的功能模型

2.3 组件分析

组件分析是从系统的具体组件入手来分析系统，分清层级，建立组件之间的联系，明确组件之间的功能关系，构造系统功能模型的过程。组件分析的目的是：

① 明确各组件之间的相互关系，合理地匹配组件，优化结构；

② 降低成本，提高组件价值；

③ 理清系统的功能结构，找出系统中价值低的组件，实施剪裁；

④ 优化系统功能，减少实现功能的消耗，使系统以很小的代价获得更大的价值，从而提高系统的理想度。

组件分析的主要步骤有建立组件列表、建立结构关系、建立组件模型。

（1）建立组件列表　描述系统组成及系统各组件的层级。在这个步骤中，回答了技术系统是由哪些组件组成的，包括系统作用对象、技术系统组件、子系统组件，以及和系统组件发生相互作用的超系统组件。技术系统至少应该分为两个组件级别，即系统级别和子系统级别。组件列表包括：超系统组件、系统组件、子系统组件。其中超系统组件应该与系统组件有相互作用关系，技术系统生命周期的不同阶段具有不同的超系统。

超系统包括系统，是在系统外的更大的系统。超系统的特点主要有：

① 超系统不能被删除或重新设计；

② 超系统可能使系统出现问题；

③ 超系统可以为解决系统中的问题提供资源；

④ 超系统是分层级的，只有对系统有影响时才列入。

例如典型的超系统组件。生产阶段包括设备、原料、生产场地等；使用阶段包括功能对象、消费者、能量源、与对象相互作用的其他系统；储存和运输阶段包括交通手段、包装物、仓库、储存手段等；与系统作用的外界环境包括空气、水、灰尘、热场、重力场等。

建立组件列表的原则是：

① 在特定的条件下分析具体的技术系统；

② 根据技术系统组件的层次建立组件列表；

③ 进一步分析完善组件列表；

④ 针对技术系统的各个生命周期阶段，可建立独立的不同的组件列表。

【例2-3】 桌子上放着一瓶可乐，请据此建立组件列表，如图2-10所示。

超系统组件	系统组件	子系统组件	子-子系统组件
桌子	瓶盖		
人	瓶体		
可口可乐	标签		
空气			

图2-10　建立可乐瓶组件列表

（2）建立结构关系　描述组件之间的相互关系，建立组件的结构关系主要基于组件列表。结构关系的建立模板包括结构矩阵和结构表格两部分，其中，矩阵用于检查每对组件之间的关系，表格用于详细描述这对组件之间的相互作用关系。图2-11为可乐瓶结构关系分析图。

（3）建立组件模型　用规范化的功能描述，揭示整个技术系统所有组件之间的相互作用关系以及所实现的系统功能。在组件模型中，各功能类型采用如图2-12所示线段，将展示各组件间的所有功能关系，形成系统组件模型图。

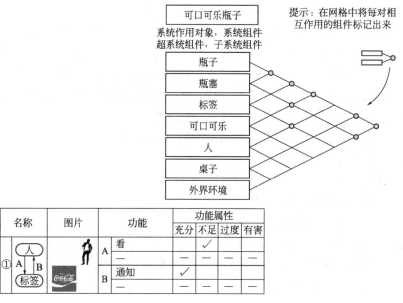

图2-11 可乐瓶结构关系

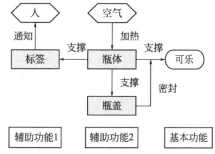

图2-12 可乐瓶的组件模型

2.4 因果分析

常见的因果分析方法有三轴分析法、五个"为什么"、鱼骨图分析、因果轴分析、故障树、失效模式等。

2.4.1 三轴分析法

面对复杂纷繁的创新问题，如何清理分析的思路，着手开展有效的分析过程？在这个方面，三轴分析法是个较好的分析手段。所谓"三轴"，是指问题的因果轴、操作轴和系统轴，见图 2-13。

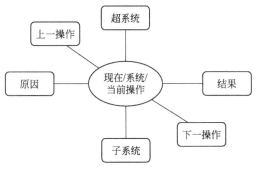

图2-13　三轴分析

开展三轴分析，通过找原因、找方向、找资源，可以帮助研究者发现问题产生的根本原因，寻找解决问题的"薄弱点"，分析解题资源，降低解决问题的成本。

2.4.2　五个"为什么"

在丰田公司的改善流程中，有一个著名的五个"为什么"分析法。要解决问题必须找出问题的根本原因，而不是问题本身；根本原因隐藏在问题的背后。举例来说，你可能会发现一个问题的源头是某个供应商或某个机械中心，即问题发生在哪里；但是，造成问题的根本原因是什么呢？答案必须靠更深入的挖掘。先问第一个"为什么"，获得答案后，再问为何会发生，以此类推，向五次"为什么"进发。丰田的成功秘诀之一，就是把每次错误视为学习的机会，不断反思和持续改善，精益求精。通过识别因果关系链，来进行诊断。

二维码7　五个"为什么"分析法

这个方法的使用前提要求是对问题的信息充分了解，下面这个例子可以生动地理解这种方法的特点。

【例2-4】丰田汽车公司前副社长大野耐一先生，曾举了一个例子来找出停机的真正原因。有一次，大野耐一发现一条生产线上的机器总是停转，虽然修过多次但仍不见好转。于是，大野耐一与工人进行了以下的问答：

一问："为什么机器停了？"

答："因为超过负荷，保险丝就断了。"

二问："为什么超负荷呢？"

答："因为轴承的润滑不够。"

三问："为什么润滑不够？"

答："因为润滑泵吸不上油来。"

四问："为什么吸不上油来？"

答："因为油泵轴磨损松动了。"

五问："为什么磨损了呢？"

再答："因为没有安装过滤器，混进了铁屑等杂质。"

经过连续五次不停地问"为什么"，才找到问题的真正原因和解决的方法，在油泵轴上安装过滤器。如果没有这种追根究底的精神来发掘问题，很可能只是换根保险丝草草了事，真正的问题还是没有解决。

【**例2-5**】 杰斐逊纪念堂（图2-14）坐落于美国华盛顿，是为纪念美国第三任总统托马斯·杰斐逊而建的。1938年在罗斯福主持下开工，至1943年杰斐逊诞生200周年时，杰弗逊纪念堂落成并向公众开放。杰斐逊纪念堂的外墙采用花岗岩，近年来脱落和破损严重，再继续下去就需要推倒重建，这要花纳税人一大笔钱，这需要市议会的商讨决议。在议员们投票之前需要请专家分析一下根本原因，并找出一些可行的解决方案。

杰斐逊纪念堂的外墙采用花岗岩，花岗岩经常脱落和破损，专家发现：

(1) 脱落和破损的直接原因是经常清洗，而清洗液中含有酸性成分。为什么需要用酸性清洗液？

(2) 花岗岩表面特别脏，因此，使用去污性能强的酸性清洗液，究其原因主要是由鸟粪造成的。为什么这个大楼的鸟粪特别多？

(3) 楼顶常有很多鸟。为什么鸟愿意在这个大厦上聚集？

(4) 大厦上有一种鸟喜欢吃的蜘蛛。为什么大厦的蜘蛛特别多？

(5) 楼上有一种蜘蛛喜欢吃的虫。为什么这个大厦会滋生这种虫？因为大厦采用了整面的玻璃幕墙，阳光充足，温度适宜。

图2-14 美国杰斐逊纪念堂

至此，解决方案就明显而简单了：拉上窗帘。

五个"为什么"分析方法并没有多么深奥，只是通过一再追问为什么，就可以避免表面现象，而深入系统分析根本原因，也可避免其他问题。所以若能解决问题的根本原因，许多相关的问题就会迎刃而解。

2.4.3 鱼骨图分析

鱼骨图是由日本管理大师石川馨先生创建的，故又名石川图，这是一种发现问题"根本原因"的方法，也可以称之为"因果图"。鱼骨图分析法把问题以及原因，采用类似鱼骨的图样串联起来，鱼头是问题点，鱼骨则是原因，而鱼骨又可分为大鱼骨、小鱼骨、细鱼骨，小鱼骨是大鱼骨的支骨，细鱼骨又是小鱼骨的支骨，必要时，还可以再细分下去。大鱼骨是大方向，小鱼骨是大方向的子因，而细鱼骨则是子因的子因。鱼骨图分析法与头脑风暴法结合是比较有效的寻找问题原因的方法之一。根据不同类型，可以有不同的鱼骨图模板，见图2-15。

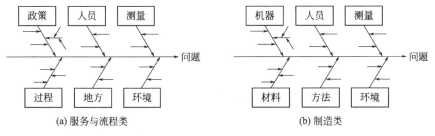

(a) 服务与流程类　　　　　　(b) 制造类

图2-15　两种类型的鱼骨图模板

对于列举出来的所有可能的原因，还要进一步评价这些原因发生的可能性，用 V（非常可能）、S（有些可能）和 N（不太可能）三种类型来标志。对标有 V 和 S 的原因，评价其解决的可能性，用 V（非常容易解决）、S（比较容易解决）和 N（不太容易解决）三种类型来标志。

对标有 VV、VS、SV、SS 的原因，进一步评价其实施纠正措施的难易度，用 V（非常容易验证）、S（比较容易验证）和 N（不太容易验证）三种类型来标志，见图4-17。

表2-4　原因发生可能性、解决可能性和验证难易表示

发生与解决可能性	V	S	N
VV	VVV	VVS	VVN
VS	VSV	VSS	VSN
SV	SVV	SVS	SVN
SS	SSV	SSS	SSN

为了全面了解上述各个方面，也可以通过图 2-16 的鱼骨图分析评估表，将以上内容合并到一起。

通过上述三个步骤的评价，将 VVV、VVS 等原因在鱼骨图中标识出来。图 2-17 是"某研究所项目管理水平低下"所绘制的鱼骨分析图，并通过上述三方面评价以后，将比较容易解决的方面直接在图 2-17 中标识出来。

序号	因素	发生可能性			解决可能性			验证难易度		
		V	S	N	V	S	N	V	S	N
1										
2										
3										
4										
5										
6										
7										
8										
9										
10										

图2-16　分析评估表

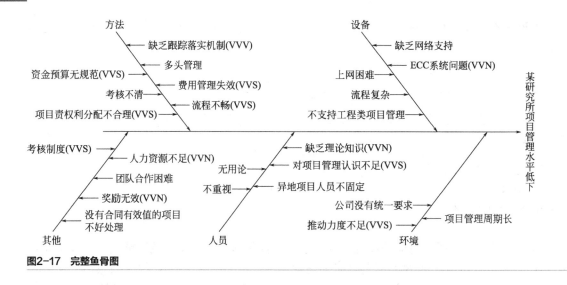

图2-17   完整鱼骨图

2.4.4   因果轴分析

凡是结果,必然有其原因。通常,为了解决某个实际上已经发生的问题,或者是防止某种不太严重的问题升级到无法接受的程度,需不断寻找问题发生的原因,并发掘整个原因链,分析原因之间的关系,找到根本原因或容易解决的原因,直接或间接地提出解决方案。可以通过各种方法来进行原因轴分析,例如,用五个"为什么"从逻辑上来分析原因之间的关系,用"鱼骨图"帮助结构化地思考原因,避免漏掉一些原因等。

在发掘整个因果链的时候,需要注意原因轴的结束条件,防止过度发掘带来成本以及效率的降低。一般在以下三种情况时,即可终止:

① 当不能继续找到下一层的原因时;

② 当达到自然现象时;

③ 当达到制度、法规、权利、成本等极限时。

另一方面,对于因果轴的分析,除了原因轴之外,还需要对结果轴进行分析。结果轴是不断推测问题蔓延的结果,用于了解可能造成的影响,寻找可以控制原因发生和蔓延的时机和手段。结果轴对于防止某种不太严重的问题升级到无法接受的程度有着突出的意义。结果轴在遇到以下几种情况时也可以结束:

① 当不能继续找到下一层的结果时;

② 当达到重大人员、经济、环境损失时;

③ 当达到技术系统的可控极限时。

因果轴分析可以发现问题产生的根本原因,并从中发现问题产生和发展链中的"薄弱点",为解决问题寻找入手点。对于原因和结果的描述应该与功能描述对应起来,需要对应到参数。而功能主要是通过相互作用来体现。为了规范化地对原因和结果类型进行描述,一般定义以下几种。

缺乏:应该有的作用,但是没有。

存在：在提供有用作用的同时，伴随产生了有害作用。

有害：应该完全没有的作用，却出现了。

有用：应该有作用，但是效果不令人满意，这里又可以按照故障现象细分为过度、不足、不可控、不稳定。

上述所有类型中，有用作用都是需要参数的，其他不需要参数。

2.5　裁剪分析

按照阿奇舒勒对产品进化定律的描述，产品进化有朝着先复杂再简化的方向进化。产品进化过程中的简化可以通过系统裁剪来实现。因此，系统裁剪是一条重要的进化路线，体现在组成系统的元素数量减少的同时，系统仍能保证高质量的工作。

裁剪是 TRIZ 中能够以低成本实现系统功能的重要方法之一，其基本原理是通过删减系统中存在问题的元素实现系统的改进。

【例2-6】　苏联卫国战争初期，德军的攻势凌厉，苏联的大部分兵工厂都被摧毁，而前线却迫切需要大量的武器装备，尤其是需求量最大的步枪和冲锋枪。在这种情况下，只有生产"最简单的结构、最经济的设计、最优良的火力"的冲锋枪才是上上之举。1941 年，PPSh 冲锋枪诞生了，命名为 PPSh41（俗称"波波沙"，见图 2-18）。

图2-18　PPSh41（波波沙）

在整个"二战"期间，PPSh41 不停地被制造并装备苏联红军。苏军步兵战术原则中有一条："以坚定不移的决心逼近敌人，在近战中将其歼灭。"波波沙冲锋枪的外形格局明显模仿芬兰索米，但内部构造却大相径庭。其结构非常简单，大部分零件如机匣、枪管、护管都是用钢板冲压完成，工人只需作一些粗糙加工，如焊接、铆接、穿销连接和组装，再安装一个木枪托，就完成了制造。制造工艺简单，没有复杂技术，冲压技术节省材料，造价低廉，制造速度很快，一般的学徒工稍加培训就可以轻松操作。到了 1945 年战争结束时，PPSh 冲锋枪已经生产了惊人的 550 万支，居二战冲锋枪生产的榜首。

【例2-7】　"二战"中的 T-34 坦克（图 2-19）的结构非常简单，但很合理。例如前壁制成坡形，既使得它的受弹角度利于弹开炮弹，又在不增加重量的前提下增加了坦克的装甲厚度。无论是装甲、大炮的口径和射程，都远远超过德国当时的主战坦克 Panzer Ⅳ

（图2-20）。T-34坦克的发动机是根据苏联的气候设计的，因此在严寒中也能轻松启动，不会像德国坦克那样冻死。履带较宽，不怕秋雨造成平原上的无边泥泞，无论哪方面都远远超过了德国坦克。最大的优点，还是它设计简单，不需要复杂的机械传动装置，可以在一般的拖拉机厂内大规模制造出来。

图2-19　苏联T-34坦克的设计

图2-20　德国Panzer Ⅳ 坦克

　　苏联在军工产品设计上一直秉承着这样一条原则，就是应用简单的结构实现强大的功能，那么遵循什么方法呢？就是裁剪。

　　苏联军械设计师沙普金有句名言："将一件武器设计得很复杂是非常简单的事情，设计得很简单却是极其复杂的事情。"他设计的冲锋枪（PPSh41）正是贯彻了这个理念。

2.5.1　裁剪原理和过程

　　由功能分析得到的存在于已有产品中的小问题可以通过裁剪来解决。通过裁剪，将问题功能所对应的元件删除，改善整个功能模型。元件被裁剪之后，该元件所需提供的功能可根据具体情况选择以下处理方式：

　　① 由系统中其他元件或超系统实现；
　　② 由受作用元件自己来实现；
　　③ 删除原来元件实现的功能；
　　④ 删除原来元件实现功能的作用物。

【例2-8】 图2-21（a）是已有牙刷的功能模型。将牙刷柄裁剪掉后，得到图2-21（b）的功能模型。原来元件"牙刷柄"的功能由系统中其他元件——"手"来实现，简化了系统。

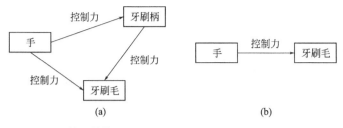

图2-21　牙刷的功能模型

从进化的角度分析，功能裁剪一般发生在由原产品功能模型导出的最终理想解模型不能转化为实际产品的时候。例如用以下问题来描述裁剪的过程（见表2-5），将这些问题分别对应技术系统的不同进化模式，从而定义产品功能的理想化程度，应用裁剪与预测技术寻找中间方案。

表2-5　功能裁剪的问题对应技术进化的模式

进化定律	对应的裁剪问题
技术系统进化的四阶段	是否有不必要的功能可以删除？
增加理想化水平	是否有操作元件可以由已存资源（免费、更好、现在）替换？
零部件的不均衡发展	是否有操作元件可以由其他元件（更高级）替换？
增加动态性及可控性	系统是否可以取代功能本身？
通过集成以增加系统功能	一些元件的功能或元件本身是否可以被替代？
交变运动和谐性发展	是否有不需要的功能可以由其他功能所排除？
由宏观系统向微观系统进化	是否有操作元件可以由其他元件（更小的）替换？
增加自动化程度，减少人的介入	是否有不需要的功能可以由其他功能（自动化控制的）？

可以用描述功能裁剪的七个问题的具体过程（见表2-6）来考量功能模型中元件功能之间的关系，并在具体操作中规范了裁剪的顺序与原则，指导裁剪动作的实施。

表2-6　功能分析中裁剪的问句、顺序、原则

裁剪的问句	裁剪的顺序	裁剪的原则
1.此元件的功能是否是系统必需的？ 2.在系统内部或周围是否存在其他元件能完成此功能？ 3.已有资源是否能完成此功能？ 4.是否存在低成本可选资源能完成此功能？ 5.此元件是否必须要与其他元件相对运动？ 6.此元件是否能从与它的匹配部件中分离出来？ 7.此元件是否能从组件中方便地装配或拆卸？	1.许多有害作用，过剩作用或不足作用关联的元件应裁剪掉——那些带有最多这样功能(尤其是伴有输入箭头的，即元件是功能关系的对象)的元件是裁剪动作的首要选项 2.不同元件的相对价值（通常是金钱），最高成本的元件代表着最大的裁剪利益的机会 3.元件在功能层次结构中所处的阶层越高，成功裁剪的概率就越高	1.功能捕捉 2.系统完整性定律 3.耦合功能要求 ① 实现不同功能要求的独立性 ② 实现功能要求的复杂性最小

作为产品功能分析的重要步骤，功能裁剪的目的是为研究每个功能是否必需。如果必需，系统中的其他元件是否可完成功能。设计中的重要突破，成本或复杂程度的显著降低往

往是功能分析与裁剪的结果。一种产品功能模型经过裁剪可能产生多种裁剪模型，因而会产生多种方案指导设计人员进行产品的创新设计。

2.5.2 裁剪对象选择

通过功能分析建立产品功能模型以后，对模型中的元件进行逐一分析，确定裁剪对象和顺序。多种方法可以帮助确定元件的删除顺序。从裁剪工具的角度来说，因果链分析、有害功能分析、成本分析为最重要的方法，因为这三种方法可以快速确定裁剪对象，其他方法可以作为辅助方法帮助确定裁剪顺序。其中优先删除的元件具有以下特性：

（1）关键有害因素　由因果链分析可以得知有害因素，可直接删除系统最底层的根本有害因素，进而删除其他相关较高阶层的有害因素。

因果链分析的主要作用是找出工程系统中最关键的有害因素。其方法为从目标因素回推找到产生问题的有害因素，直至找到最根本的原因。一般来说，因果链分析一般能找到大量的有害因素，但大部分有害因素都源于几个少数的根本有害因素。根本有害因素排除后，其后面的有害因素也就自然而然地被排除。

（2）最低功能价值　经由功能价值分析，可删除功能价值最低的元件；元件的功能价值可以由元件价值分析进行评估。通常，评估功能元件价值的参数有三个：功能等级、问题严重性和成本。若针对产品设计初期的概念设计，在功能价值评估过程中可以不考虑成本的问题。

（3）最有害功能　对元件进行有害功能分析，删除系统中有害功能最多的那个元件，增加系统的运作效率。有害功能分析是将元件的有害功能数量的多少以及有害作用的加权数值来共同分析的，其中加权者为产品设计人员。

（4）最昂贵的元件　利用成本分析可删除成本最昂贵且功能价值不大的元件，这样可以大幅降低系统的制造成本。成本分析是将系统元件的成本做一个比较，成本越高的删除的优先级别就越高。

2.5.3 基于裁剪的产品创新设计过程模型

裁剪是一种改进系统的方法，该方法研究每一个功能是否必需，如果必需，则研究系统中的其他元件是否可完成该功能，反之则去除不必要的功能及其元件。经过裁剪后的系统更为简化，成本更低，而同时性能保持不变或更好，剪裁使产品或工艺更趋向于理想解（IFR）。

应用裁剪主要针对已有产品，通过进行功能分析，删除问题功能元件，以完善功能模型。裁剪的结果会得到更加理想的功能模型，也可能产生一些新的问题。对于产生的新问题，可以采用 TRIZ 其他工具来解决。图 2-22 为基于裁剪的产品创新设计过程模型，主要包括以下几步：

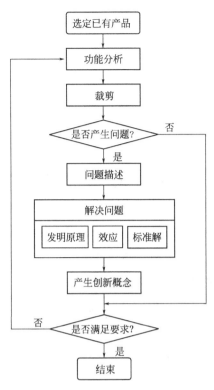

图2-22　基于裁剪的产品创新设计过程模型

① 选择已有产品。

② 对选定的产品进行功能分析，建立功能模型，确定其有害作用、不足作用及过剩作用等小问题。

③ 运用裁剪规则进行分析，确定裁剪顺序，进而进行裁剪，删除该功能元件。

④ 判断裁剪后会产生什么问题。若裁剪后没有产生问题，则接⑥，否则接下一步。

⑤ 分析裁剪后产生的问题，应用 TRIZ 其他工具（发明创新原理，效应，标准解等）解决问题，形成创新概念。

⑥ 判断新设计是否满足要求。若满足要求，则结束流程，否则接②，进行功能分析，并发现问题。

【例2-9】 以近视眼镜为例进行裁剪分析。

步骤1：确定已有产品近视眼镜。

步骤2：对近视眼镜进行功能分析，眼镜作为一个技术系统，由镜片、镜框、镜腿组成，镜腿又由金属杆和塑料套组成，而手、眼睛、耳朵、鼻子和光线就是系统作用对象。建立功能模型如图 2-23，确定镜腿对耳朵和镜框对鼻子的挤压作用为过剩作用。

步骤3：根据裁剪法实施的指导原则，系统中提供最低价值辅助功能的组件是镜腿，因此从镜腿开始裁剪，见图 2-24。

步骤4：镜腿的功能为支撑镜框，将镜腿裁剪掉后，技术系统中其他组件完成支撑镜框作用（如镜片）；超系统组件完成支撑镜框作用（如手、鼻子、眼睛等），如图 2-25 所示，即用超系统组件中的鼻子或手，来完成支撑镜框的功能。

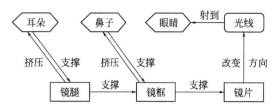

图2-23　近视眼镜的功能模型图

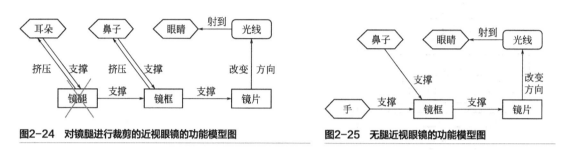

图2-24　对镜腿进行裁剪的近视眼镜的功能模型图

图2-25　无腿近视眼镜的功能模型图

　　很早的时候就存在这种无腿近视眼镜，如图 2-26，使用时用鼻子或手来进行支撑。

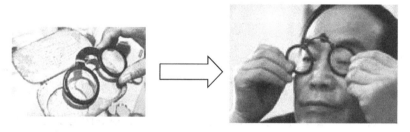

图2-26　无腿近视眼镜

　　继续裁剪眼镜系统中剩余的组件。镜框和镜片相比，镜框的功能是辅助的，相对价值较低，故裁减镜框。

　　镜框的功能为支撑镜片，将镜框裁剪掉后，技术系统中无其他组件完成支撑镜片作用，见图 2-27；超系统组件完成支撑镜片作用（如手、鼻子、眼睛等），如图 2-28 所示，用超系统组件中的眼睛，来完成支撑镜片的作用。

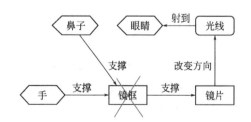

图2-27　裁剪镜框近视眼镜的功能模型图

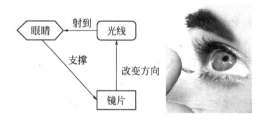

图2-28　无镜框近视眼镜的功能模型图及隐形眼镜

　　再继续裁剪，系统中还剩下一个组件，即镜片，那么镜片被裁剪掉会怎样呢？如图 2-29 所示。

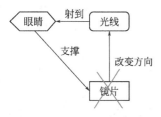

图2-29　裁剪镜片功能模型示意图

　　镜片的功能为改变光线的方向，使其进入眼镜。将镜片裁剪掉后，技术系统中无其他组件完成改变光线方向的作用；超系统组件完成改变光线方向的作用（如眼睛），如图2-30所示，用超系统组件中的眼睛来完成改变光线方向的作用。

二维码8　裁剪分析

图2-30　无镜片改变光线的功能模型图及激光手术

习题

　　1.系统思维方式的特征有哪些?

　　2.什么是功能? 怎样进行功能分解? 请举例说明。

　　3.系统功能分析的步骤是什么?

　　4.建立结构模型的目的是什么?

　　5.裁剪原则有哪些?

第 **3** 章
理想解与可用资源

3.1 理想解

把所研究的对象理想化是自然科学解决问题的基本方法之一。理想化是对客观世界中所存在物体的一种抽象，这种抽象在客观世界中既不存在，又不能通过实验验证。理想化的物体是真实物体存在的一种极限状态，对于某些研究起着重要作用，如物理学中的理想气体、理想液体，几何学中的点、线、面等。在 TRIZ 中理想化是一种强有力的工具，在建筑行业的创新过程中起着重要作用。

3.1.1 理想化

在 TRIZ 中，理想化包含理想系统、理想过程、理想资源、理想方法、理想器械、理想物质等。理想化的描述如下：

理想器械：没有质量、没有体积，但能完成所需要的工作。

理想方法：不消耗能量及时间，但通过自身调节，能够获得所需的效应。

理想过程：只有过程的结果，而无过程本身，突然就获得了结果。

理想物质：没有物质，功能得以实现。

理想化分为局部理想化与全局理想化两类。局部理想化是指对于选定的原理，通过不同的实现方法使其理想化；全局理想化是指对同一功能，通过选择不同的原理使之理想化。局部理想化的过程有如下四种模式：

① 通过参数优化、采用更高级的材料、引入附加调节装置等加强有用功能的作用。

② 降低对有害功能的补偿，减少或消除损失和浪费，采用更低廉的材料、标准零部件等。

③ 通用化采用多功能技术增加有用功能的个数，如现代计算机具有电视机、电话、传真机、音响等功能。

④ 专用化突出功能的主次，如早期的汽车厂要生产零部件，最后将它们组装成汽车，今天的汽车厂主要是组装汽车，而零部件由很多专业配套厂生产。

全局理想化有如下四种模式:

① 功能禁止。在不影响主要功能的条件下，去掉中性的及辅助的功能。如采用传统的方法为金属零件刷漆后，从漆的溶剂中挥发出有害气体，采用静电场及粉末状漆可很好地解决该问题。当静电场使粉末状漆均匀覆盖到金属零件表面后，加热零件使粉末熔化，刷漆工艺完成，其间并不产生溶剂挥发。

② 系统禁止。如果采用某种可用资源后可省掉辅助子系统，一般可降低系统的成本。如月球上的真空使得月球车上所用灯泡的玻璃罩是多余的，玻璃罩的作用是防止灯丝氧化而月球上无氧气，因此不会使灯丝氧化。

③ 原理改变。改变已有系统的工作原理，可简化系统或使过程更加方便。如采用电子邮件代替传统邮件，使信息交流更加方便快捷。

④ 系统换代。依据产品进化法则，当系统进入退出期时，需要考虑用下一代产品来替代当前产品，完成更新换代。

3.1.2　理想化水平

技术系统是功能的实现，同一功能存在多种技术实现方式，任何系统在完成人们所需的功能时，都会产生有害功能。为了对系统的理想化程度进行评价，可采用如下公式:

$$I= \sum UF / \sum HF \tag{3-1}$$

式中　I——理想化水平;

$\sum UF$——有用功能之和;

$\sum HF$——有害功能之和。

由式（3-1）可知:技术系统的理想化水平与有用功能之和成正比，与有害功能之和成反比。当改变系统时，如果公式中的有用功能之和增加，有害功能之和减小，那么系统的理想化水平提高，进而增强产品的竞争能力。

根据上式，增加理想化水平可用以下 4 种方法:

① $\sum UF$ 增加的速度高于$\sum HF$ 增加的速度。即有用功能和有害功能都增加，而有用功能增加得快一些。

② $\sum UF$ 增加，$\sum HF$ 减少。即有用功能增加，有害功能减少。

③ $\sum UF$ 不变，$\sum HF$ 减少。即有用功能不变，而有害功能减少。

④ $\sum UF$ 增加，$\sum HF$ 不变。即有用功能增加，有害功能不变。

为了在实际工作中对理想化水平的分析更加方便，可将式（3-1）中的有害功能分解为代价与危害，将有用功能之和用效益之和来代替，于是理想化水平衡量公式变为:

$$I= \sum B/ (\sum E + \sum H) \tag{3-2}$$

式中　I——理想化水平;

$\sum B$——效益之和;

$\sum E$——代价之和（包括原料的成本、系统所占用的空间、所消耗的能量及所产生的噪声等）;

$\sum H$——危害之和（包括废弃物及污染等）。

由式（3-2）可知:产品或系统的理想化水平与其效益之和成正比，与所有代价及所有危害之和成反比。不断增加产品的理想化水平是创新设计的目标。

根据上式,增加理想化水平可以有以下6种方法:

① 通过增加新的功能,或从超系统获得功能,增加有用功能的数量。

② 传输尽可能多的功能到工作元件上,提升有用功能的等级。

③ 利用内部或外部已存在的可用资源,尤其是超系统中的免费资源,以降低成本。

④ 通过剔除无效或低效率的功能,减少有害功能的数量。

⑤ 预防有害功能,将有害功能转化为中性的功能,减轻有害功能的等级。

⑥ 将有害功能移到超系统中去,不再成为系统的有害功能。

3.1.3　理想化设计

理想化设计可以使设计者的思维跳出问题的传统解决方法,进入超系统或子系统寻找最优解决方案。理想化设计常常打破传统设计中自以为最有效的系统,获得耳目一新的新概念。

现实设计和理想化设计之间的距离从理论上讲可以缩小到零,该距离取决于设计者是否具有理想化设计的理念,是否在追求理想化设计。虽然二者仅一词之差,但设计结果却有着天壤之别。

【例 3-1】 理想的容器就是没有体积的容器。

在实验过程中,需要将待试验物放入一个封闭的、盛满酸的容器里。在预定的时间后,打开容器,酸对试验物的作用可以被测量出来。但是,由于酸会腐蚀容器壁,因此容器壁上应该涂一层玻璃或者一些其他的抗酸材料。然而,这样的设计将使试验费用猛增。理想设计是将待试验物暴露在酸中,而不需要容器。转化后的问题就是寻找一种方法可以保持酸和待试验物接触,而不需要容器。一切可利用的资源就是待试验物、空气、重力、支持力等,因此解决方案是显而易见的。可以将容器设计在待试验物上,即将待试验物做成中空的,像杯子那样,然后将酸注入杯中,这样就不用顾虑酸腐蚀容器壁了。这里的容器就是一种理想设计。

3.1.4　理想解的确定

产品进化的过程就是产品由低级向高级演化的过程。如数控机床是普通机床的高级阶段,加工中心又是数控机床的高级阶段。再如彩色电视机是黑白电视机的高级阶段,液晶高清晰度彩电是一般彩电的高级阶段。在进化的某一阶段,不同产品进化的方向是不同的,如降低成本、增加功能、提高可靠性、减少污染、降低碳排放等都是产品可能的进化方向。如果将所有产品作为一个整体,低成本、高功能、高可靠性、无污染等是产品的理想状态。产品处于理想状态的解称为理想解(IFR, Ideal Final Result)。因此,每种产品都向着它的理想解进化。

理想解可以采用与技术无关的语言对需要创新的原因进行描述,创新的重要进展往往通过对问题深入的理解而取得。确定那些使系统不能处于理想化状态的元件是创新成功的关键。设计过程中从一个起点向理想解过渡的过程称为理想化过程。

理想解有以下 4 个特点：

① 保持了原系统的优点。

② 消除了原系统的不足之处。

③ 没有使系统变得更复杂（采用无成本或可用资源）。

④ 没有引入新的缺陷。

当确定了待设计产品或系统的理想解后，可用上述 4 个特点检查其有无不符之处，也要用理想化水平衡量公式检查理想解是否正确。

【例 3-2】 割草机的改进。

考虑将割草机作为工具，草坪上的草作为被割的目标。割草机在割草时会发出噪声、消耗能源、产生空气污染，高速飞出的草有时会伤害到操作者。现在的首要任务是改进已有的割草机，解决降低噪声的问题。

传统设计中，为了达到降低噪声的目的，设计人员要为系统增加阻尼器、减震器等子系统，这不仅增加了系统的复杂性，同时也降低了系统的可靠性。显然，这不符合理想解中的后两个特点。如果用理想解来分析问题，就会得到截然不同的创新方案。

首先应确定用户需要的究竟是什么？是非常漂亮整洁且不需要维护的草坪。割草机本身不是用户需要的一部分，只是维护草坪的一个工具，除了具有维护草坪整洁的一个有用功能之外，带来的是大量的无用功能。其次，从割草机与草坪构成的系统来看，其理想解为草坪上的草始终维持一个固定的高度。为此，就诞生了"漂亮草种"，这种草长到一定的高度就会停止生长。于是割草机不再需要，问题的理想解得以实现。

理想解的确定是解决问题的关键所在。对于很多的设计实例，理想解的正确描述会直接得出问题的解，其原因是与技术无关的理想解使设计者的思维跳出问题的传统解决方法，从而得到了与传统设计完全不同的根本解决思路。因此，运用最终理想解的一个原则是不要事先猜想理想结果是否能够实现。在阐述最终理想解时，不应有任何心理障碍确定理想解。以例 3-2 为例，其基本步骤如下：

（1）设计的最终目的是什么？草坪整洁且不需要维护。

（2）理想解是什么？草坪上的草始终维持一个固定的高度。

（3）达到理想解的障碍是什么？草不断的生产。

（4）出现这种障碍的结果是什么？使用割草机维护，出现噪声。

（5）不出现这种障碍的条件是什么？不用割草机割草。

（6）创造这些条件存在的可用资源是什么？草，即草长到一定的高度就会停止生长。

【例 3-3】 农场养兔子的问题。

农场主有一大片农场，放养了大量的兔子。兔子需要吃到新鲜的青草，农场主既不希望兔子走得太远而不易被发现，又不希望花很多时间把鲜草送到兔子旁边。现应用上述步骤来分析该问题，并提出其理想解：

（1）问题的最终目的是什么？兔子能够吃到新鲜的青草。

（2）理想解是什么？兔子永远自己吃到青草。

（3）达到理想解的障碍是什么？放兔子的笼子不能移动。

（4）出现这种障碍的结果是什么？由于笼子不能移动，可被兔子吃的草地面积不变，短时间内青草就被吃光了。

（5）不出现这种障碍的条件是什么？当兔子吃光笼子内的鲜草时，笼子移动到另一块有青草的地方。

（6）创造这些条件存在的可用资源是什么？笼子本身安上轮子，兔子自己可推动其运动到有青草的地方。即兔子本身就是可用资源，由此得到了问题的理想解。

3.2　可用资源分析

在产品的设计过程中，为了满足技术系统的功能，总是要利用各种资源。设计中的可用系统资源对创新设计起着重要的作用，当问题的解越接近理想解，系统资源的利用就越重要。对于任何系统，只要还没有达到理想解，就应该具有系统资源。

在设计过程中，合理利用系统资源既可以使问题的解更容易接近理想解，还可能取得附加的、意想不到的效益。因此，对系统资源进行详细分析和深刻理解，对设计人员是十分必要的。

一次著名的心理学实验表明，观察表面以下的东西是非常重要的，实验内容如下：实验要求完成一项任务，需要用一种尖锐物体，在卡纸板上打一个洞。在第一组进行实验的房间内，桌上有多种物体，包括一根钉子。在第二组进行实验的房间内，也有很多物体放在桌上，但是没有一样尖锐物品，但墙面上突出一根钉子。第三组实验的房间与第二组相似，只是墙面上突出钉子上挂着一幅画。第一组能100%完成任务，第二组有80%能完成任务，第三组有80%的不能完成任务。实验表明，人们很难发现图画背后的钉子。通常，现实问题中存在着各种不易被发现的资源，在TRIZ中，称之为潜在资源或隐藏资源。

此外，相对于系统资源而言，还有很多容易被忽视或者没有意识到的资源，这些资源通常都是由系统资源派生而来。能充分挖掘出所有的资源，是解决问题的良好保证。

系统资源可分为内部资源与外部资源。内部资源是在冲突发生的时间、区域内存在的资源；外部资源是在冲突发生的时间、区域外部存在的资源。内部资源与外部资源又可分为直接应用资源、导出资源及差动资源三类，下面分别进行介绍。

3.2.1　直接应用资源

直接应用资源是指在当前存在状态下可被应用的资源，如物质、勘探资源都是可被许多系统直接应用的资源。常见的直接应用资源如下：

物质资源：任何可以完成特定功能的物质资料，如木材可用作燃料。

能量资源：系统中存在的或能产生的能量流，如汽车发动机既驱动后轮或前轮，又可驱动液压泵，使液压系统工作。

场资源：系统中存在的或能产生的场，如地球上的重力场及电磁场。

信息资源：即技术系统中能产生的或存在的信号，通常信息需通过载体表现出来，如汽车运行时所排废气中的油或其他颗粒，表明发动机的性能信息。

空间资源：即位置、子系统的次序、系统及超系统，包括产品的中空部分或孔状空间、子系统之间的距离、子系统的相互位置关系、对称与非对称等，如仓库中多层货架中的高层货架。

时间资源：即没有充分利用或根本没有利用的时间间隔，它存在于系统启动之前、关闭之后，或工程环节的循环之间，如双向打印机。

功能资源：即技术或其环境中能够产生辅助功能的能力，如人站在椅子上更换屋顶的灯泡时，椅子的高度是一种辅助功能。

3.2.2 导出资源

通过某种变换，使不能利用的资源成为可利用的资源，这种可利用的资源就称为导出资源。原材料、废弃物、空气、水等，经过处理或变换都可在设计的产品中使用，从而变成有用资源。在变成有用资源的过程中，常常需要物理状态的改变或借助于化学反应。常见的导出资源如下：

导出物质资源：由直接应用资源，如物质或原材料变换，或施加作用所得到的物质。如毛坯是通过铸造得到的材料，相对于铸造的原材料已是导出资源。

导出能量资源：通过对直接应用能源的变换或改变其作用的强度、方向及其他特性所得到的能量资源。如变压器将高压变为低压，这种低电压的电能成为导出资源。

导出场资源：通过对直接应用场资源的变换或改变其作用的强度、方向及其他特性所得到的场资源。如云体与地球之间的静电场，在放电过程中转换为闪电，得到一种新的场形式，即电磁场。

导出信息资源：通过变换与设计不相关的信息，使之与设计相关。如地球表面电磁场的微小变化可用于发现矿藏。

导出空间资源：由于几何形状或效应的变化所得到的额外空间。如双面磁盘比单面磁盘存储信息的容量更大。

导出时间资源：由于加速、减速或中断所获得的时间间隔。如被压缩的数据可在较短时间内传递完毕。

导出功能资源：经过合理变化后，系统完成辅助功能的能力。如锻模经适当改进后，使锻件本身可以带有企业商标。

3.2.3 差动资源

通常物质与场的不同特性是一种可形成某种技术特征的资源，这种资源称为差动资源。差动资源一般分为差动物质资源和差动场资源。

（1）差动物质资源

① 结构各向异性。各向异性是指物质在不同的方向上物理特性不同。这种特性有时是

设计中实现某种功能所需要的，例如：

光学特性：金刚石只有沿对称面做出的小平面才能显示出其亮度。

电特性：石英板只有当其晶体沿某一方向被切断时才具有电致伸缩的性能。

声学特性：一个零件内部由于其结构有所不同，表现出不同的声学特性，使超声探伤成为可能。

力学性能：劈木材时一般是沿着最省力的方向劈。

化学性能：晶体的腐蚀往往是在有缺陷的点处首先发生。

几何性能：只有球形表面符合要求的药丸才能通过药机的分检装置。

② 不同的材料特性。不同的材料特性可以在设计中用于实现不同的有用功能。例如，合金碎片的混合物可通过逐步加热到不同合金的居里点，然后用磁性分检的方法将不同的合金分开。

（2）差动场资源　场在系统中的不均匀性可以在设计中实现某些新的功能。

① 场梯度的利用。在烟囱的协助下，地球表面与3200m高空的压力差，使炉子中的空气流动。

② 空间不均匀场的利用。为了改善工作条件，工作地点应处于声场强度低的位置。

③ 利用场的值与标准值的偏差。病人的脉搏与正常人的不同，医生通过对这种差异的分析为病人看病。

3.2.4　资源利用

在设计中认真分析各种系统资源将有助于设计者开阔视野，使其跳出问题本身，这对于将全部精力都集中于特定的子系统、工作区间、特定的空间与时间的设计者解决问题特别重要。设计过程中所用到的资源不一定明显，需要认真挖掘才能成为有用资源。下面给出一些通用的建议：

① 将所有的资源首先集中于最重要的动作或子系统。

② 合理有效地利用资源，避免资源损失和浪费等。

③ 将资源集中到特定的空间与时间。

④ 利用其他过程中损失或浪费的资源。

⑤ 与其他子系统分享有用资源，动态地调节这些子系统。

⑥ 根据子系统隐含的功能，利用其他资源。

⑦ 对其他资源进行变换，使其成为有用资源。

不同类型资源的特殊性能有助于设计者克服资源的限制，从而更好地实现可用资源的利用。下面就空间资源、时间资源、材料资源和能量资源的有效利用给出一些建议。

（1）空间资源的利用

① 选择最重要的子系统，将其他子系统放在不十分重要的空间位置上。

② 最大限度地利用闲置空间。

③ 利用相邻子系统的某些表面，或某一表面的反面。

④ 利用空间中的某些点、线、面或体积。

⑤ 利用紧凑的几何形状，如螺旋线。

⑥ 利用暂时闲置的空间。

（2）时间资源的利用

① 在最有价值的工作阶段，最大限度地利用时间。

② 使工作过程连续，消除停顿、空行程。

③ 变换顺序动作为并行动作，以节省时间。

（3）材料资源的利用

① 利用薄膜、粉末、蒸汽等，将少量物质扩大到一个较大的空间中。

② 利用与子系统混合的环境中的材料。

③ 将环境中的材料，如水、空气等，转变成有用的材料。

（4）能量资源的利用

① 尽可能提高核心部件的能量利用率。

② 限制利用成本高的能量，尽可能采用成本低廉的能量。

③ 利用最近的能量。

④ 利用附近系统浪费的能量。

⑤ 利用环境提供的能量。

当经过上述方法仍找不到理想的可用资源时，可以尝试下述建议：

① 将两种或两种以上的不同资源结合。

② 向更高级别的技术系统发展。

③ 分析当前所需资源是否必要，重新规范搜索方向。

④ 运用廉价、高效的资源，对主要的产品功能替换其他的物理工作原理。

⑤ 替换现有的技术动作，向相反的技术动作发展（如不再冷却子系统，而是加热它）。

3.3　理想解在建筑行业中的应用

理想解可用于不同层面的问题解决，初级理想解所采用的问题解决方案是利用外部资源解决，而无需更多的花费，环境、超系统、副产品等都可以是外部资源。高一级理想解不能引入新的物质，而必须通过系统内部的变化解决问题，即采用内部资源解决问题，包括实现功能、消除副作用或减低成本等，同时不使系统变得太复杂。更高一级理想解是在一个特定的区域内解决问题，该区域存在问题，如一零件既要求刚度高又要求柔性好，这是一种相反的需求，在产品进化的过程中该问题必须解决。

二维码9　利用理想解解决建筑行业问题

【例3-4】　自返式运输车。

传统的四轮运输车运送货物时，由人力推动或电力驱动。现欲改善其驱动状况，使其既不需人力也不需电力，而是利用车本身的结构特点驱动其载重前进，并使其在卸货后自动返回。操作人员仅停留在运输的起点和终点，将货物搬上车和卸下即可。自返式运输车的发明实际上就是追求最终理想解的过程。

自返式运输车的结构示意图如图3-1所示。当车运送货物前进时，平卷簧卷紧储存机械能，当到达目的地卸掉货物后，平卷簧恢复形变带动运输车自动返回。应用 TRIZ 理论进行自返式运输车的创新设计，改进了传统四轮车的结构，使其在功能原理上发生了根本的变化，不需要消耗外加能源和驱动力，而只是利用所运货物自身的重力进行驱动，并且车在前进的过程中又将其转化为机械能储存起来，在车卸掉重物返回时机械能又被释放出来，驱动车自动返回，彻底改变了运输货物需由人往返推拉或用电动绞车驱动的传统工作方式，提出了运输车的创新设计理念。由于自返式运输车只适用于斜坡地，车轮直径相同时，车体将产生倾斜，不利于放置货物，为使所运送货物的承重面处于水平，前后车轮大小应不一样。发明创造的理想状态是理想解的实现，尽可能使企业的产品接近于其理想解是产品创新的指导思想，确定所设计产品的理想解是设计人员综合素质的体现。

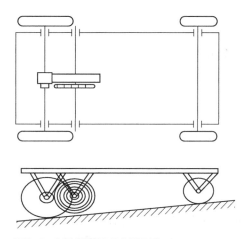

图3-1 自返式运输车结构示意图

【例3-5】 高层建筑如何更有效地擦窗户是高层建筑设计必须考虑的问题。目前该类窗户多是固定的，经过专门训练并通过高空作业认证的人员才能从事该项工作，如图3-2所示。

图3-2 高层建筑窗户传统外部清洁方式

方案1：在建筑物内擦窗户。

工人在建筑外工作是危险的，如果能在屋内擦窗户问题便可以解决。定义初理想解为采用外部资源解决该问题，但问题解决方案的成本不能太昂贵。图3-3为解决方案，采用具有磁性的内、外部工具擦窗户。内部工具放置在窗户的内部，内部工具放置在窗户的外部，两部分均有磁性。两工具相对，由于磁力的吸引，内部工具移动时，外部工具随之移动，不断地移动内部工具到窗户的所有位置，即可完成功能。

方案 2：旋转式窗户。

应用高一级理想解，利用系统自身的资源，改变系统本身实现功能。改进窗户的设计，使其能转动。转动的结果是使窗户的外面变成了里面，工人可以在屋内擦窗户，如图 3-4 所示。

图3-3　玻璃内外层同步清洁装置

图3-4　旋转式窗户清洁

方案 3：免擦玻璃的应用。

按更高一级理想解，出现问题的区域为窗户外部的玻璃，玻璃必须应用以便采光，但擦去表面的污物困难又不能应用，从而出现了冲突。彻底解决该冲突，实现理想解，采用自清洁玻璃是一种选择，如图 3-5 所示。该类玻璃表面有一层纳米级涂层，不影响采光。该涂层与阳光发生反应，在雨水的作用下，其反应生成物与玻璃表面污物脱离玻璃表面，实现自清洁，如图 3-6 所示。

图3-5　自清洁玻璃

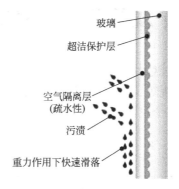

图3-6　自清洁过程

习题

1. 说明理想化的概念及其含义。
2. 什么是理想解？它有那些特点？如何确定理想解？
3. 系统资源如何进行分类？什么是直接应用资源、导出资源和差动资源？
4. 设计过程如何有效地挖掘可用资源？

第 4 章

40个发明创新原理及其应用

　　创新原理是建立在对上百万份发明专利分析的基础上，蕴含了人类发明创新所遵循的共同性原理，是对人类解决创新问题共性方法的高度概括和总结。在人类发明创造的历史进程中，相同的发明问题以及为了解决这些问题所使用的创新原理，在不同的时期、不同的领域中反复出现，也就是说，解决创新问题的方法是有规律可循的。如果一个发明创新原理融合了物理、化学、机械等科学。那么该原理将超越领域的限制，就可应用到其他行业中去。由此可见，如果跨行业间的技术能够充分地交流，就可以尽早地开发出优化的技术。因此创新原理作为符合客观规律的方法学，必然会具有普遍意义，必然会在发明创新过程中得到实际的应用。

4.1　40个发明创新原理概述

　　阿奇舒勒通过对大量发明专利的分析、研究和总结，发现了蕴含在这些发明创新现象背后的客观规律，提炼出了 TRIZ 理论中最重要的、具有普遍用途的 40 个发明创新原理，如表 4-1 所示。40 个发明创新原理将创新的理论展现在世人面前，从此让创新过程有了方法学的引领。

表4-1　40个发明创新原理

序号	原理名称	序号	原理名称	序号	原理名称	序号	原理名称
1	分割原理	11	预先补偿原理	21	紧急行动原理	31	多孔材料原理
2	抽取原理	12	等势性原理	22	变害为利原理	32	改变颜色原理
3	局部质量原理	13	逆向思维原理	23	反馈原理	33	同质性原理
4	非对称原理	14	曲面化原理	24	中介物原理	34	抛弃与修复原理
5	合并原理	15	动态化原理	25	自服务原理	35	物理化学参数变化原理
6	多用性原理	16	未达到或超过作用原理	26	复制原理	36	相变原理
7	套装原理	17	维数变化原理	27	廉价替代品原理	37	热膨胀原理
8	重量补偿原理	18	振动原理	28	机械系统的替代原理	38	加速强氧化原理
9	预先反作用原理	19	周期性动作原理	29	气动与液压结构原理	39	惰性环境原理
10	预操作原理	20	有效作用的连续性原理	30	柔性壳体或薄膜原理	40	复合材料原理

在阿奇舒勒看来，人们在解决发明问题的过程中，所遵循的科学原理和技术系统进化法则是一种客观存在。大量发明所面临的基本问题是相同的，其所需要解决的冲突从本质上说也是相同的。同样的技术创新原理和相应解决问题的方案，会在后来一次次发明中被反复应用，只是被使用的技术领域不同而已。

4.2　40个发明创新原理简介

阿奇舒勒通过对 250 多万件发明专利的分析研究，抽出了发明创新所遵循的 40 个原理，成为 TRIZ 解决技术冲突的关键，这些原理反映了 TRIZ 对创新性问题的认识和处理过程。

40 个原理可以解决无限的发明问题，设计者掌握这些原理，可以大大提高发明效率、缩短发明周期，而且可以使发明过程更具预见性。

二维码10　40条发明
原理

4.2.1　40个发明创新原理

1）分割原理

本原理是指这样一种过程：以虚拟或真实的方式将一个系统分成多个部分，以便分解（分开、分隔、抽取）或合并（结合、集成、联合）一种有益的或有害的系统属性。在多数情况下，会对分隔后得到的多个部分进行重组（或集成），以便实现某些新的功能，并（或）消除有害作用。随着分割程度的提高，技术系统逐步向微观级别发展。

（1）将物体分成独立的部分。例如：

① 办公室设计中用隔板带将办公桌分隔开，如图 4-1 所示，增加工位，办公时互不干扰。

② 宾馆设计中用不同灯光将住房区和公共区分隔开。

（2）使物体便于组装或拆卸。例如：

① 装配式结构建筑。

② 干法施工取代湿法施工。

（3）提高系统的可分性，增加物体的分割度。例如：

① 砂浆中嵌入小石子使墙壁表面更坚固。

② 用百叶窗代替整体窗帘。

③ 武器中的子母弹。

④ 可拆卸铲斗唇缘设计，如图 4-2 所示。挖掘机铲斗的唇缘是由钢板制成的，只要它的一部分磨损或损坏，就必须更换整个唇缘。这是一项既费力又费时的工作，而且挖掘机也不得不停止工作。可使用分割原理来解决这一问题，将唇缘分割成单独可分离的几部分。这样，可以快速方便地将毁坏或磨损的部分更换。

图4-1 办公桌

图4-2 铲斗唇缘设计

2）抽取原理

从物体中拆出"干扰"部分（特性）或者分出唯一需要的部分或需要的特性，与分割原理中把物体分成几个相同部分的技法相反，该原理要把物体分成几个不同的部分。

（1）从对象中抽取出产生负面影响的部分或属性。例如：

① 餐馆或公共建筑中的无烟区。

② 将嘈杂的压缩机放在室外。

③ 冰箱除味剂。

④ 医学透析治疗。

（2）从对象中抽出有用的（主要的、重要的、必要的）部分或属性。例如：

① 手机中的 SIM 卡。

② 微波滤波器。

③ 成分献血（如只采集血液中的血小板）。

④ 智能语音驱鸟器，如提取被俘鸟的惨叫声或求救声，惊吓在机场中飞行的鸟儿，如图 4-3 所示。

图4-3 驱鸟器

3）局部质量原理

本原理是指：在一个对象中，特殊的（特定的）部分应该具有相应的功能或条件，能够最好地适应其所处的环境，或更好地满足特定的要求。

（1）从物体或外部介质（外部作用）的一致结构过渡到不一致结构。例如：

① 窗户边缘的黑点有助于改善外观（介于透明及实体之间）。

② 采用莲花效应制备的自清洁涂料。

③ 墙体防潮层。

④ 伸缩缝。

（2）物体的不同部分应当具有不同的功能。例如：

① 不同的楼层有不同的功能，例如铺设管道的楼层和应用管道的楼层。

② 节能设计中，将温度较低的房间及缓冲间隔设置在北边，将温度较高的大房间设置在南边。

③ 储藏间紧邻外墙，以获得比居住空间更低的温度。

（3）物体的每一部分均应具备最适于它工作的条件。例如：

① 砾石铺层既能保证安全，又能保证地面的光洁度。

② 菜刀的刀身和刀刃材料不均匀。

③ 防火涂层。

该原理在机械产品进化的过程中表现得非常明显，如机器由零部件组成，每个零部件在机器中都应占据一个最能发挥作用的位置。如果某零件未能最大限度地发挥作用，则应对其进行改进设计。

4）非对称原理

本原理涉及从"各向同性"向"各向异性"的转换，或是与之相反的过程。各向同性是指无论在对象的哪个部位，沿哪个方向进行测量，都是对称的。各向异性就是不对称，是指在对象的不同部位或沿不同的方向进行测量，测量结果是不同的。通过将对称的（均匀的）的形式（形状、形态、外形）或结构变为不规则的（无规律的、不合常规的、不整齐的、不一致的、参差不齐的），可以增加不对称性。

（1）物体的对称形式变为不对称形式。例如：

① 采用一种几何特性以防止不正确的使用或组装部件（如三向插头）。

② 非圆形截面的烟囱可降低主风向的作用。

③ 单向滤水装置。

④ 现代规划和传统规划相对应。

（2）如果物体不对称，则加强它的不对称程度。例如：

① 复合或多坡屋面。

② 电缆辅助悬臂屋顶。

5）合并原理

本原理既可以是空间上也可以是时间上的，其目的是将两个或多个相邻的对象（操作或部分）进行组合或合并，或者在多种功能、特性或部分之间建立联系，以便产生一种新的、想要的或唯一的结果。通过对已有功能的组合，可以生成新的功能。

（1）把相同的物体或完成类似操作的物体联合起来。例如：

① 双面板散热器。

② 将自动喷水灭火系统集中起来便于消防管理。

③ 集成电路板上的多个电子芯片，见图4-4。

（2）把时间上相同或类似的操作联合起来。例如：

① 将天然气管道、电缆、电线、水管等地下管道集中定位，减少地下管道开挖量。

② 冷热水混合水龙头，见图 4-5。

③ 预制配件。

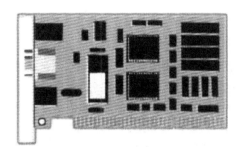

图4-4 集成电路板

图4-5 冷热水龙头

【例 4-1】 在运输过程中，先用纸将玻璃片隔开，然后用纸片将其保护好放到一个木箱子里。尽管有这些预防措施，但是也经常发生玻璃破损的事件。

为了减少玻璃的破损，可以将玻璃当作一个固体块运输，而不是让它们处于分离状态。每片玻璃上都涂上一层油（见图 4-6），然后将玻璃片粘在一起形成一个玻璃块，比起每片玻璃，玻璃块的强度要大很多。测试表明，即便将玻璃块从 2 m 高的地方丢下，造成的损失也很小；相反的，一般的运输方法将会有一半多的玻璃受到不同程度的损伤。

图4-6 易于运输的玻璃块

6）多用性原理

本原理是指将不同的功能或非相邻的操作合并，使一个对象（例如对象 X）具备多项功能（例如同时具备功能 A、功能 B、功能 C 等），从而消除了这些功能（例如功能 B）在其他（相关）对象（例如对象 Y 具有功能 A、对象 Z 具有功能 B）内存在的必要性（进而裁减对象 Y、Z 中承担该功能的子对象），结果就是对象 X 可以实现多个对象（例如对象 Y、对象 Z 等）的功能，使对象具备多用性，可产生在其他情况下不存在的机会及协力优势。

（1）一个物体执行多种不同功能，因而不需要其他物体。例如：

① 防火玻璃，玻璃中用铁丝进行加强处理，破裂后，碎玻璃不会四处飞溅。

② Velux 窗户，其同时具有照明、隔热、通风及防风雨功能。

③ 水鼓墙。

④ 门铃与烟雾警报器集成装置。

（2）消除该功能在其他物体内存在的必要性后，进而裁剪其他物体。例如：

① iPhone。

② 万用表。

③ 多功能刀具。

④ 多用机床。

7）套装（嵌套）原理

本原理是指通过递归地将一个对象放入另一个对象的内部，或让一个对象通过另一个对象的空腔而实现嵌套。嵌套是指彼此吻合、彼此组合、内部配合的性质。嵌套原理的一个典型应用就是俄罗斯套娃，因此，嵌套原理也被称为套娃原理。嵌套的本质是彼此吻合、彼此组合或内部配合。

（1）一个物体位于另一个物体之内，而后者又位于第三个物体之内等。例如：

① 将保险柜放在墙里或地板下。

② 在空心墙中注入隔热材料。

③ 干衬砌。

④ 地热采暖（加热管道铺设在地板下）。

⑤ 音乐厅空心墙中嵌入隔声材料。

（2）一个物体通过另一个物体的空腔。例如：

① 暖气系统采用可回流的循环管道。

② 阁楼伸缩楼梯。

8）重量补偿原理

本原理是指通过用一个相反的平衡力（浮力、弹力或类似的力）来阻遏（抵消）一个不良的（不希望有的）力。

（1）将物体与具有上升力的另一物体结合以抵消其重量。例如：

① 浮式地板。

② 电梯及上下推拉窗中的秤锤。

③ 起重机、升降机。

（2）将物体与介质（最好是气动力和液动力）相互作用以抵消其重量。例如：

① 热水供暖系统中设置循环泵。

② 被动式太阳能热水器中利用天然空气对流推动水循环。

9）预先反作用原理

本原理是指预先了解可能出现的问题，并采取行动来消除出现的问题、降低问题的危害或防止问题的出现。

（1）事先施加反作用力，以抵消工作状态下过大的和不期望的应力。例如：

① 缓冲器能吸收能量、减少冲击带来的负面影响。

② 钉马掌。

③ 给枕木渗入油脂来阻止腐朽。

④ 木材的蒸汽渗透涂层可防止腐烂。

（2）对于某种既具有有害影响又具有有用影响的作用 A，可以预先实施一种效果与 A 中的有害影响相反的作用 B，利用 B 所具有的影响来降低或消除 A 所产生的有害影响。例如：

① 浇混凝土之前的预压缩钢筋。

② 大跨度楼板在安装前反向起拱。

③ 给畸形的牙带上牙套。

（3）对有害的作用或事件，预先采取相反的作用。例如：

当建筑物着火的时候，如果某人要冲到建筑物里面去救人，通常先要用水将这个人的全身浇湿，这样就可以在短时间内防止其被火烧伤。

【例4-2】 用割草机修剪的草坪不是很平整，因为草有一定的硬度，而且割草机工作时其刀片接触到了即将要割的草，使草向前倾斜，这样就会使草在不同的高度上被修剪，当然修剪的草坪就会参差不齐。

 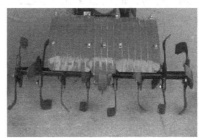

图4-7 改进后的割草机可以修剪出平整的草坪

为了得到平整的草坪，新设计的割草机有一个专用部件（图4-7），可以在即将修剪的草上预加反作用力，使其向前倾斜，由于草具有一定的硬度，所以被释放后能产生足够的内部惯性力，使其反弹回来，这样割草机的刀片接触到的草就是直立的草，所有的草都是在同一垂直高度上被修剪，所以修剪的草坪就会很平整。

10）预操作原理

本原理是指在真正需要某种作用之前，预先执行该作用的全部或一部分。

（1）预先完成要求的作用（整个的或部分的）。例如：

① 预制构件装配式建筑，见图 4-8。

② 预拌混凝土（掺水即可用）。

③ 用预着色（图 4-9）代替手工用刷子对塑料件进行着色，其中一种方法是机械着色。建议应用预操作原理与合并原理来改善着色过程。在分开的铸模的孔洞中预先加染料套（甚至预先将染料注入塑料中）。普通的印刷油墨（具有成型胶片样的流动性）就可以这样应用。合模后注入塑料，零件的颜料具有较好的豁附性，因为颜料扩散到了表面内部。

④ 双层玻璃中抽出空气形成真空或充入惰性气体。

（2）预先将物体安放妥当，使它们能在现场和最方便的地点立即完成所需要的作用。例如：

① 美国奥杜邦协会总部大楼的特色回收循环槽将不同的材料进行提前分类。

② 消防用自动喷水灭火系统。

③ 预压缩箱胶条。

④ 停车位的电子计时表。

图4-8　装配式建筑

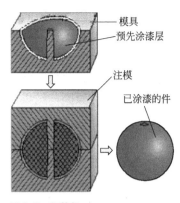

图4-9　预着色

11）预先补偿原理

本原理是指通过采用预先准备好的应急措施（例如备用系统、矫正措施等）来补偿对象较低的可靠性。例如：

① 双通道控制系统。

② 避雷针。

③ 溢水沟。

④ 安全气囊，见图 4-10。如果碰撞发生在车前部，安全带可以保护驾驶员。然而，安全带对侧面碰撞不起作用。建议使用侧面安全气囊，紧缩的气囊放在座位的后面。侧面碰撞时，气囊因充气而膨胀，这样可以避免乘客受伤。

12）等势性原理

本原理涉及以下三个既可以单独使用，也可以合并使用的概念：在一个系统或过程的所有点或方面建立均匀位势，以便获得某种系统增益；在系统内建立某种关联，以维持位势相等；建立连续的、完全互相联系的关联和联系。

可通过改变工作条件，而不需要升降物体来实现。例如：

① 对重量大的仪器设备检查时，在其下方设置检查坑，避免了维修过程中升降设备。

② 在古代，重 46t 的永乐大钟（图 4-11）是怎样挂在钟楼的大梁上的?

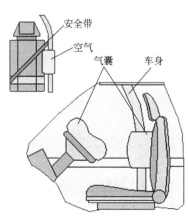

图4-10　安全气囊

图4-11　永乐大钟

中国古代钟楼一般都是用堆土的方式吊钟的，也就是说在钟楼两侧用土堆成和钟楼一样高的斜坡，然后靠人力把大钟拉上去，等大钟安装完成后再把下面的土堆移走。

13）逆向思维原理

本原理是指通过在空间上将对象翻转（上下、左右、前后、内外）过来，在时间上将顺序颠倒过来，在逻辑关系上将原因与结果反过来，从而利用不同（或相反）的方法来实现相同的目的。

（1）不实现条件规定的作用，而实现相反的作用。例如：

① 为了松开被卡住的部件，可对内部部件进行冷却，而不是对外层部分进行加热。

② 受负压的屋脊瓦，风力越大，向下的压力越大，不容易被破坏。

③ 倾斜旋转窗户可从内部进行清洗。

（2）使物体或外部介质的可动部分成为静止的，而使静止部分变为可动部分。例如：

① 风洞。

② 为了有效地训练运动员，可以使用健身器材中的跑步机。

（3）将物体颠倒。例如：

① 劳埃德大厦的管道及检修设备放置在建筑物外部而不是内部。

② 多数建筑结构利用材料的抗压性能，运用张拉、悬索结构使建筑结构自重变小，内部空间变大。

③ 负泊松比泡沫材料和结构。

14）曲面化原理

（1）从直线部分过渡到曲线部分，从平面过渡到球面，从正六面体或平行六面体过渡到球形结构。例如：

① 从不同的角度在建筑物中采用应力释放孔，表面交界处采用圆弧面连接。

② 在结构连接处用圆角过渡，避免应力集中。

③ 弯曲的屋顶会减少建造屋脊的工作量，也可以增加强度。

④ 弯曲的挡土墙可抵抗附加力。

（2）利用棍子、球体、螺旋。例如：

① 阿基米德螺旋桨泵送混凝土、密封剂等。

② 博物馆采用螺线形设计可形成无限延伸的效果。

（3）从直线运动过渡到旋转运动。例如：

① 螺旋通道有助于室内保温。

② 钢筋连接应用。

③ 螺纹连接代替直线形的焊接或绑扎。

④ 采用螺旋锚杆嵌固。

（4）利用离心力。例如：

① 离心浇注形成墙厚均匀的混凝土结构。

② 回转半径影响地震作用时的稳定性。

15）动态化原理

本原理是指使构成整体的各个组成部分处于动态，即各个部分是可调整的、活动的或可互换的，以便使其在工作过程中的每个动作或阶段都处于最佳状态。

（1）物体（或外部介质）特性的变化应当在每一工作阶段都是最佳的。例如：

① 大型温室中随温度变化自动开启、闭合的窗户。

② 形状记忆合金，形状记忆聚合物。

（2）将物体分成彼此相对移动的几部分。例如：

① 悬挂结构将建筑物各楼层悬挂在核心筒上。

② 建筑基础上设置隔震层，将上部与下部分离，在地震作用中会减少上部结构反应。

【例4-3】 螺旋角可变的螺杆输送机（见图4-12）。

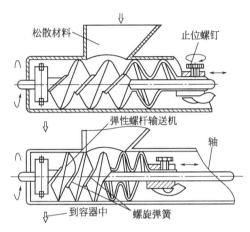

图4-12 螺杆输送机

传送矿物或化学药品之类的松散材料，传统的装置是螺杆输送机为了更好地控制材料的输送速度和相对于不同密度的材料进行调节，希望输送机螺杆的螺旋角是可调的。建议使用变参数原理和动态原理设计输送机。螺杆的表面使用如橡胶之类的弹性材料制成。两个螺旋弹簧控制螺旋的形状，弹簧沿着旋转轴的伸长／压缩可控制螺杆的螺旋角，从而控制松散材料的传送速度。

（3）使不动的物体成为可动的。例如：

① 伸缩屋顶。

② 浮式地板。

16）未达到或超过作用原理

本原理是指如果很难百分之百达到所要求的效果，则可以采用"略少一点"或"略多一点"的做法，这样可以大大降低解决问题的难度。既可以先采用局部的（不足的）作用来"略微不足"地初步完成某项任务，然后再进行最后的调整；也可以先采用过度的（过量的、过大的）作用来"略微过量"地（超额地）初步完成某项任务，然后再进行最后的调整。

如果难以取得百分之百所要求的功效，则应当取得略小或略大的功效。例如：

① 印刷时，喷过多的油墨，然后去掉多余的，使字迹更清晰。

② 为电参数设计适当的安全余量。

③ 浇注用料，要稍微多于实际铸件的重量。

17）维数变化原理

本原理是指通过将对象转换到不同维度，或通过将对象分层或改变对象的方向来改变对象的维度。

（1）如果物体做线性运动（或分布）有困难，则使物体在二维（即平面）上移动。相应地，在一个平面上的运动（或分布）可以过渡到三维空间。例如：

① 屋面设计成曲面以减缓雨水速度。

② 建筑中的穹顶结构、拱形结构。

③ 建筑设计从平面 CAD 到三维 BIM。

（2）利用多层结构替代单层结构。例如：

① 多层办公楼或停车场。

② 多功能建筑，例如购物中心。

（3）将物体倾斜或侧置。例如：

① 斜角玻璃。

② 倾斜窗口。

（4）利用指定面的反面。例如：

① 隐蔽的门铰链。

② 静水压力使防水层更好地附着于地下室墙壁的外表面。

（5）利用投向相邻面或反面的光流。

【例4-4】 用于航空摄影的地面标志盘，可以帮助驾驶员更准确地找到地面控制点。原有地面标志盘为镜面反射，见图 4-13，其不容易发现。将平面的标志盘改成多曲面的，如图 4-14，其可以多个角度找到地面的控制点。

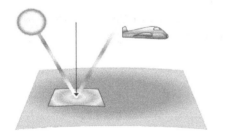

图4-13 改善前地面标志盘

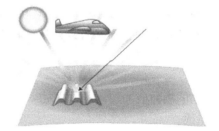

图4-14 改善后地面标志盘

18）振动原理

本原理是指通过振动（振荡）或摇动（震动）对象而使对象产生机械振动，增加振动的频率或利用共振频率以及利用振动（颤动、摇动、摆动）或振荡（振动、振荡、摆动），在某个区间内产生一种规则的、周期性的变化。

（1）使物体振动。例如：

① 机械振捣可减少混凝土浇筑时产生的空洞。

② 使用非平行的墙，防止声驻波。

③ 抗震设计中利用回转半径。

（2）如果已经处于振动状态，则提高它的振动频率。例如：

① 白噪声掩盖噪声。

② 超声波清洗。

③ 无损超声探伤。

（3）利用共振频率。例如：

① 利用赫尔姆霍兹共振器吸收噪声。

② 利用共振加快混凝土从斗中的流出速度。

（4）用压电振动器替代机械振动器。例如：

① 压电振动提高喷雾嘴液体雾化性能。

② 石英晶体振荡驱动高精度钟表。

（5）利用超声波振动同电磁场配合。例如：

① 地球物理技术有助于对地下土层结构进行鉴定。

② 在电频炉里混合合金，使之混合均匀。

19）周期性动作原理

本原理是指通过有节奏的行为（操作方式）、振幅和频率的变化以及利用脉冲间隔，来实现周期性作用。

（1）从连续作用过渡到周期作用（脉冲）。例如：

① 在热量、照明管理系统设计中综合考虑昼夜温度及光变化的影响。

② 脉冲式淋浴比传统的连续喷水节省资源。

③ 松开生锈的螺母，用间歇性猛力比持续性拧力有效。

（2）如果作用已经是周期的，则改变周期性。例如：

① 改变脉冲式警报器声音的振幅和频率。

② 改变柱间距。

（3）利用脉冲间歇完成其他作用。例如：

① 清洗滤片时，应在不使用的时候从背面冲洗。

② 医用心肺呼吸系统中，每5次胸腔压缩后进行1次呼吸。

20）有效作用的连续性原理

本原理是指在时间、顺序、物质组成或范围广度上，建立连续的流程并（或）消除所有空闲及间歇性动作以提高效率。

（1）连续工作（物体的所有部分均应一直满负荷工作）。例如：

① 飞轮储存能量。

② X 型摩擦阻尼器。

（2）消除空转和间歇运转。例如：

① 自洁净、自清空过滤器消除停工清洗时间。

② 打印机的打印头在回程过程中也进行打印。

③ 建筑或桥梁的某些关键部位必须连续浇注水泥，一气呵成。

④ 减少或去除流通空间。

21）紧急行动原理

本原理是指用尽可能短的时间，快速地通过某个过程中困难的或有害的部分。可通过高速跃过某过程或其个别阶段（如有害的或危险的）实现。例如：

① 切割塑料时，切割的速度要快于热量在材料中的传播，以防止变形，见图4-15。

② 修理牙齿的钻头高速旋转，以防止牙组织升温被破坏。

③ 屋面材料可以提前安装，使其他工序可在屋面板遮盖下完成。

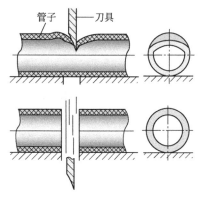

图4-15 切断管路的方法

22）变害为利原理

本原理是指通过将有害的作用或情况变为有用的作用来利用有害因素。

（1）利用有害因素（特别是介质的有害作用）获得有益的效果。例如：

① 为保证桩的安全，在基础周围爆炸形成空腔，然后在空腔中注入混凝土。

② 热电联产，利用发电后的废热用于工业制造或是利用工业制造的废热发电，达到能量最大化利用的目的，如图 4-16。

③ 在木质地板边缘加设窄的软木条，防止地板因膨胀或收缩而变形。

（2）通过有害因素的组合来消除有害因素。例如：

① 利用有毒化学物品为木材做防虫防腐处理。

② 让液体 A 和酸性液体 B 轮流从管道通过，消除沉积物。

（3）将有害因素加强到不再是有害的程度。例如：

① 全玻璃温室能最大限度地吸收阳光，并且不会产生余热。

② 森林灭火时用逆火灭火。

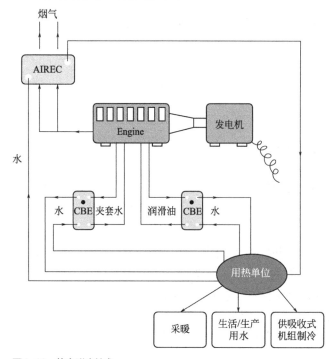

图4-16 热电联产技术

23）反馈原理

本原理是指将系统的输出作为输入返回到系统中，以便增强对输出的控制。

（1）引入反馈，改善性能。例如：

① 用于探测火灾的热、烟雾的传感器。

② 吊索中织有电子传导金属纤维，可以判断它所承受的重量，如果重量太大，无法承受，吊索就会发出警告。

（2）如果已引入反馈，改变其控制信号的大小或灵敏度。例如：

① 与加热时比较，冷却时要改变温控器的灵敏度，因为冷却过程中能源利用效率较低。

② 模糊逻辑温控器。

③ 飞机接近机场时，改变自动驾驶系统的灵敏度。

24）中介物原理

本原理是指将某对象临时或永久地放置在两个或多个现有对象中间作为一个"调停装置"。调停或协商就是指两个不相容的（互相冲突的、性质相反的）参与者、功能、事件或条件（情形、环境、情境）之间的某种临时性的链接。通常利用某种易于去除的中间载体、中间阻断物或中间过程来实现这种链接。

（1）利用可以迁移或有传送作用的中间物体。例如：

① 在两栋建筑之间建造遮雨连廊。

② 利用机械传动中的惰轮，改变转向。

（2）把一个（易分开的）物体暂时附加给另一物体。例如：

① 磨料微粒可增大水流切割的强度。

② 可拆卸的百叶窗。

③ 管路绝缘材料。

④ 化学反应中引入催化剂。

25）自服务原理

本原理是指在执行主要功能的同时执行相关功能。

（1）物体应当为自我服务，完成辅助和修理工作。例如：

① 利用建筑外轮廓将风能引向风力涡轮机。

② 自清洁的水槽可防止其被落叶等堵塞。

③ 自排水路面。

④ 自锁式锁。

（2）利用废料（能或物质）。例如：

① 太阳能板加热或发电。

② 散热器从废热水中提取热量。

③ 利用室内设备（如电脑、重型机械）的废热产生温度梯度，推动自然通风系统。

④ 玉米丰收后秸秆还田以及热电厂余热供暖。

26）复制原理

本原理是指通过使用较便宜的复制品或模型来代替成本过高而不能使用的对象。

（1）用简单、便宜的复制品代替难以得到的、复杂的、昂贵的、不方便的或易损坏的物品。例如：

① 数值模拟技术。

② 实验用的等比模型。

（2）用光学图像代替物体或物体系统，此时要改变比例（放大或缩小复制品）。例如：

① 通过空中拍摄的照片进行测量。

② 通过物体照片对其进行度量。

（3）如果利用可见光的复制品，则转为红外线的或紫外线的复制。例如：

① 用红外线检测热源。

② 用紫外线作为无损探伤方法。

③ 用红外摄影检测表面的热量损失。

④ 用 X 射线检测构造断裂。

27）廉价替代品原理

本原理是指用廉价的、易处理的或一次性的等效物来代替昂贵的、长使用寿命的对象，以便降低成本、增强便利性、延长使用寿命等。可用一组廉价物体代替一个昂贵物体，放弃某些品质（如持久性）来实现。例如：

① 用镀锌板做混凝土板材模板。

② 用电镀方法使不透明玻璃替代窗帘。

28）机械系统的替代原理

本原理是指利用物理场（光场、电场、磁场等）或其他物理结构、物理作用和状态来代替机械的相互作用、装置、机构及系统。此原理实际上涉及操作原理的改变或替代。

（1）用光学、声学等设计原理代替力学设计原理。例如：

① 用运动感应开关替代手动机械开关。

② 感应式水龙头利用光学原理代替力学原理，省力同时节省水资源。

③ 电脑与操作机械之间采用无线数据传输。

④ 天然气中混入难闻的气体代替机械或电子传感器来警告人们天然气的泄漏。

（2）用电场、磁场等同物体发生相互作用。例如：

① 火灾大警报器释放电磁信号打开防火门。

② 电网围栏。

③ 为了混合两种粉末，使其中一种带正电荷，另一种带负电荷，如静电除尘、电磁铁。

（3）用移动场代替固定场，用动态场代替静态场，用结构化场代替非结构化场，用确定场代替随机场。例如：

① 智能锁在密钥上可添加独特的信号，增加了使用的灵活性，如只允许在一天使用。

② 区域供暖系统。

③ 在酒店房间，顾客可根据自己的喜好调节灯光颜色。

（4）利用磁铁颗粒组成的场。例如：

① 采用改变磁场的方法对含有磁性材料的物质进行加热。当温度超过居里点时，材料变为顺磁性的，不再吸收热量。

② 为更好地进行 X 射线分析，在围护墙中采用防辐射材料。

29）气体与液压结构（利用气动和液压结构）原理

用气体和液体代替物体的固体部分，如充气和充液的结构、气枕、静液的和液体反冲的结构。例如：

① 液压电梯系统替代机械传动。

② 自调节平整平板。

③ 利用水准仪确保基础表面水平。

④ 暖空气加热系统。

⑤ 自然通风及烟囱抽吸作用。

30）柔性壳体或薄膜原理

本原理是指利用柔性壳体或薄膜来代替传统的结构，或利用柔性壳体或薄膜将一个对象与其所处的外界环境隔离开。

（1）利用软壳和薄膜代替一般结构。例如：

① 充气结构，如儿童充气城堡。

② 膜结构。

③ 用"工"字形、槽形或 U 形梁替代实心截面梁。

（2）用软壳和薄膜使物体同外部介质隔离。例如：

① 养护混凝土时，在水表面加微层双极材料，一面亲水，一面厌水，限制水蒸发。

② 舞台上的幕布将舞台与观众隔开。

③ 手机保护膜。

31）多孔材料原理

本原理是指通过在材料或对象中打孔、开空腔或通道来增强其多孔性，从而改变某种气体、液体或固体的状态。

（1）把物体做成多孔状或利用附加多孔元件（镶嵌、覆盖等）。例如：

① 在结构上留孔以减轻自重。

② 矿渣砌块。

③ 空心隔热墙。

④ 泡沫材料。

（2）如果物体多孔，事先用某种物质填充空孔。例如：

① 用多孔金属网的毛细作用将接头处的多余焊料吸走。

② 在墙体保温腔中加入干燥剂或驱虫剂。

③ 泡沫金属用于制造飞机机翼。

32）改变颜色原理

本原理是指通过改变颜色或一些其他的光学特性来改变对象的光学性质，以便提升系统价值或解决检测问题。

（1）改变物体或外部介质的颜色。例如：

① 镀铬变色玻璃。

② 用不同的颜色表示不同的警报。

（2）改变物体或外部介质的透明度。例如：

① 玻璃走廊。

② 随光线改变透明度的感光玻璃。

③ 允许使用者改变其透明度的镀铬玻璃。

（3）为了观察难以看到的物体或过程，利用染色添加剂。例如：

① 利用紫外线识别伪钞。

② 警察服、环卫工人工作服。

（4）如果已经采用了颜色添加剂，则采用荧光粉。例如：

① 荧光安全标记可在发生电力故障时，采用绿色的装潢使红色的肉看起来更新鲜。

② 指定深浅不同的底漆以帮助检查。

（5）改变物体热辐射。例如：

① 使用不同深浅颜色的面板，辅助建筑空间的热量管理。

② 用高放射性涂料喷涂物体，使人们可通过热成像仪评测物体的温度。

③ 低辐射玻璃。

33）同质性原理

本原理是指如果两个或多个对象之间存在很强的相互作用，那么，通过使这些对象的关键特征或特性一致，从而实现同质性。可通过与指定物体相互作用的物体应当用同一（或性质相近的）材料制成来实现。例如：

① 紧密连接的材料应具备相近的热膨胀系数，以避免开裂。

② 连接金属应相似，以避免电解腐蚀。

③ 骨髓移植。

④ 用金刚石切割钻石。

34）抛弃与修复原理

本原理是两条原理合二为一而形成的一个发明原理。抛弃是指从系统中去除某些对象；修复是指对系统中的某些被消耗的对象进行恢复，以便再次利用。

（1）采用溶解、蒸发等手段，抛弃已完成功能的零部件，或在系统运行过程中，直接修改它们。例如：

① 冰结构的应用，用水结成的冰或二氧化碳形成的干冰为土工结构（比如临时的大坝）制作模板，填土的干冰将被气化。

② 火箭点火起飞后逐级分离抛弃。

③ 胶囊药物。

（2）消除部分应当在工作过程中直接再生。例如：

① 散热器从余热（如浴缸流出的水）中获得热量。

② 自动铅笔。

35）物体化学参数变化原理

本原理是指改变某个对象或系统的属性，以便提供某种有用的功能。该原理不仅是简单的过渡，如从固态过渡到液态，还包括向"假态"（假液态）和中间态的过渡，如采用弹性固体。这是所有发明原理中使用频率最高的一条。

（1）改变物体相态。例如：

① 将二氧化碳制成干冰。

② 使用可注入的（液体的）硅橡胶密封剂。

③ 可做屋顶涂层的液态塑料。

④ 流动的混凝土形成自密实混凝土。

（2）改变物体的浓度或稠度。例如：

① 改变混凝土的颗粒级配以改变其性能。

② 不同等级的中密度纤维板。

（3）改变物体的柔性。例如：

① 阻尼器减小建筑的振幅。

② 窗户上安装橡胶可起到减震的效果。

（4）改变物体的温度。例如：

① 高层建筑中利用自然温度梯度创造的自然热对流。

② 烧制陶瓷。

（5）改变物体的压力。例如：

① 利用真空吸力使混凝土或密封剂等进入形状复杂的空腔。

② 利用气压梯度提高高层建筑的通风。

（6）改变其他特性。例如：

① 形状记忆合金或形状记忆聚合物制作自调节窗铰。

② 利用居里点改变物体磁性。

36）相变原理

本原理是指利用物质相变时产生的某种效应。例如：

① 利用相变时发生的现象，如体积改变、放热或吸热。

② 利用相变储存能量，如用乙酸钠储存热量。

③ 利用冰的融化缓慢降低冰上物体温度。

37）热膨胀原理

本原理是指利用对象受热膨胀的基本原理来产生"动力"，从而将热能转换为机械能或机械作用。

（1）利用材料的热膨胀（或热收缩）。例如：

① 在过盈配合装配中，冷却内部件，加热外部件，装配完成后恢复常温，两者实现紧配合。

② 采用晶体结构材料做阀门的阀门体。

（2）利用一些热膨胀系数不同的材料。例如：

① 恒温器中的双金属片。

② 形状记忆隐蔽紧固件。

③ 双金属铰链使自调节窗口、通风口能自动调节建筑内部环境。

38）加速强氧化原理

本原理是指通过更加丰富的"氧"的供应（例如，O_2 或 O_3），使氧化作用的强度从一个级别增强到更高的级别。

（1）用富氧空气代替普通空气。例如：水下呼吸系统中存储浓缩空气。

（2）用氧气替换富氧空气。例如：用氧气 – 乙炔火焰高温切割。

（3）用电离辐射作用于空气或氧气。例如：空气过滤器通过电离空气来捕获污染物。

（4）用含有臭氧的氧气代替普通空气。例如：臭氧溶于水中去除船体上的有机污染物。

（5）用臭氧替换含有部分臭氧的（或电离的）氧气。

39）惰性环境原理

本原理是指通过去除所有的氧化性的资源（例如 O_2）和容易与目标对象起反应的资源，从而建立一个惰性或中性环境。

（1）用惰性介质代替普通介质。例如：

① 氩气填充中空玻璃。

② 利用惰性气体的消防灭火系统。

③ 空心墙泡沫中添加阻燃剂。

④ 木材防虫处理。

（2）在真空中进行相关过程。例如：

① 真空包装。

② 真空灯泡，可防止灯丝被氧化，延长使用寿命。

40）复合材料原理

本原理是指将两种或多种不同的材料（或服务）紧密结合在一起而形成复合材料（或服务）。例如：

① 由同种材料转为混合材料。

② 可用于屋面处理的纤维增强涂料。

③ 防火玻璃。

④ 混合纤维布。

4.2.2 发明创新原理使用窍门

TRIZ 理论给出了解决技术冲突的 40 条发明创新原理，但这些发明原理被使用的频率并不一样。经统计，有的经常在已有的专利中得到应用，而有的却极少用到。下面由高到低列出它们被使用频率的次序，可以直观看出，第 35 条发明创新原理是应用频率最高的原理。

35. 物理化学参数变化原理

10. 预操作原理

1. 分割原理

28. 机械系统的替代原理

2. 抽取原理

15. 动态化原理

19. 周期性原理

18. 振动原理

32. 改变颜色原理

13. 逆向思维原理

26. 复制原理

3. 局部质量原理

27. 廉价替代品原理

29. 气动与液压结构原理

34. 抛弃与修复原理

16. 未达到或超过作用原理

40. 复合材料原理

24. 中介物原理

17. 维数变化原理

6. 多用性原理

14. 曲面化原理

22. 变害为利原理

39. 惰性环境原理

4. 非对称原理

30. 柔性壳体或薄膜原理

37. 热膨胀原理

36. 相变原理

25. 自服务原理

11. 预先补偿原理

31. 多孔材料原理

38. 加速强氧化原理

8. 重量补偿原理

5. 合并原理

7. 套装原理

21. 紧急行动原理

23. 反馈原理

12. 等势性原理

33. 同质性原理

9. 预先反作用原理

20. 有效作用的连续性原理

对有些想走捷径的发明人来说，可以直接使用频率次序靠前的若干项来尝试进行创新构思，解决技术系统中的问题和冲突。

为了方便发明人有针对性地利用40条发明创新原理，德国TRIZ专家统计出40条发明创新原理中特别适用于走捷径、可立即求解、有利于设计场合、有利于大幅降低成本的三大类发明原理，现介绍如下：

（1）第一类：走捷径、可立即求解，可用本节提到的前10条使用频率高的发明原理。

（2）第二类：有利于设计场合，可用的有13条发明原理，如下：

1. 分割原理

2. 抽取原理

3. 局部质量原理

4. 非对称原理

26. 复制原理

6. 多用性原理

7. 套装原理

8. 重量补偿原理

13. 逆向思维原理

15. 动态化原理

17. 维数变化原理
24. 中介物原理
31. 多孔材料原理

（3）第三类：有利于大幅度降低成本，可用的有 10 条发明原理，如下：

1. 分割原理
2. 抽取原理
3. 局部质量原理
6. 多用性原理
10. 预操作原理
16. 未达到或超过作用原理
20. 有效作用的连续性原理
25. 自服务原理
26. 复制原理
27. 廉价替代品原理

【例 4-5】 某制造厂长期以来一直生产直径为 10in❶、长为 2in 的小型玻璃过滤器 [见图 4-17（a）]。现在该厂拿到新的订单，需要生产直径 2ft❷、长 10ft 的大型玻璃过滤器。需要使非常细小的过滤孔均匀地分布在过滤器的每一部分。令人为难的是怎样才能经济地生产出这种新型过滤器，而且这些小孔还需要直通过滤器并均匀分布。

本题的任务是制造出含有成千上万个小孔的长型玻璃过滤器。以前该公司制造过可以钻孔的短过滤器——此过程比较简单，现在新的要求比较复杂，且制造过程也复杂得多。

对照 40 个发明原理，分析每一个原理，考虑可以采取的合适建议。刚开始会发现这些方法乍看起来非常烦琐。

现在用 3min 时间来审视每一个原理，检查可以用来解决问题的前提条件，这样最多用 1～2h 便可找到最有效的原理。用这种方法，选出下列原理作为解决该问题最合适的方法：原理 1 分割原理中的（1）和（3）；原理 10 预操作原理中的（1）；原理 13 逆向思维原理中的（1）；原理 28 机械系统的替代原理中的（1）和（2）；原理 35 物理化学参数变化原理中的（1）；原理 40 复合材料原理。

现在分析以上选定的原理：

原理 1 分割原理中的（1）和（3）：意味着将过滤器分成很多部分。

原理 10 预操作原理中的（1）：提出将孔在做成过滤器之前做出。

原理 13 逆向思维原理中的（1）：表示将制作过程反过来，即不是钻孔（去除材料），而是用很多部分来组合成过滤器（加入材料）。

原理 28，35 和 40 可由自己进行分析和应用，不再一一介绍。

由此可见，过滤器应该由很多分割的部分组合在一起（原理 1），这应该在它还没有成为过滤器之前就完成（原理 10）。原理 13 将这一系列概念组合起来，不是通过去

---

❶ 1in=0.0254m。
❷ 1ft=0.3048m。

除某些部分（钻孔），而是增加材料使其提供孔的作用。换言之，改变去掉东西而是采用使其起到孔的作用的方法，用增加东西（合并、组合、捆绑）的办法使其得到孔的效果。

基于原理1、10、13可知，玻璃过滤器应该用捆扎在一起的玻璃纤维制成，见图4-17（b）。

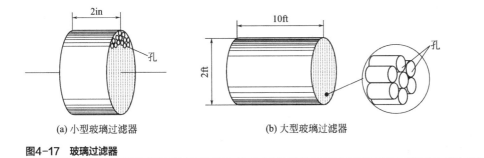

(a) 小型玻璃过滤器   (b) 大型玻璃过滤器

图4-17 玻璃过滤器

纤维间的间隙成为孔而不必钻孔，可以通过改变玻璃纤维的粗细和大小来制作各种型号的过滤器。

如果按照本节所讲的使用发明原理的窍门，根据使用频率通过分析前10个原理就能达到上述目的；根据有利于设计和降低成本的要求，通过分析14个创新原理也能快速达到目的。可见，灵活地利用发明原理的使用窍门，可以提高创新设计的效率，从而快速地实现产品的创新设计。

4.3 发明创新原理在建筑行业中的应用

在人类发明创造的历史进程中，相同的发明问题以及为了解决这些问题所使用的创新原理，在不同的时期、不同的领域中反复出现，也就是说，解决创新问题的方法是有规律可循的。如果一个发明创新原理融合了物理、化学、机械等科学，那么该原理将超越领域的限制，就可应用到其他行业中去。下面简单介绍发明原理在建筑行业中的应用案例。

1）分割原理

（1）将物体分成独立的部分

【例4-6】 在地基的变形测量中，应用放射性标记物制作的示踪器效果非常好，尤其是示踪器与测量系统没有任何机械连接时，该设备更能发挥其优势。难题是怎样将示踪器通过钻孔插入土中，尤其是插入现存建筑的底部地基。运送示踪器的设备需要先垂直运动，再在现存建筑底部水平运动，而这是一个很难解决的问题。

1974～1978年，苏联发明了一种可运送不同示踪器及各种测量地基土密度、湿度、渗透性及其他地质特性的计量器。该计量器运用分割原理将插入杆分隔成很多小段，将各小段通过轴进行连接，并安装制转杆控制各小段在选定的方向前进。将该装置投入钻孔，在指定深度按照指定方向安装定向元件。最后，通过设备施加推力则可使设备进入建筑物底部的土中，如图4-18（a）所示。在运动经过定向元件时，各小段彼此夹紧，以形成足够的刚度，如图4-18（b）所示。

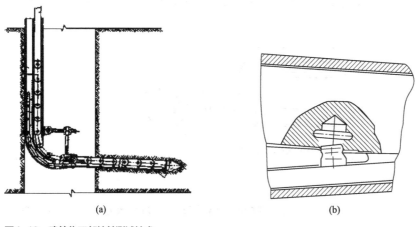

(a)   (b)

图4-18　建筑物下部地基测试技术

（2）使物体便于组装或拆卸

【例4-7】　混凝土结构施工中的大部分模板由刚性板材制成，在制作圆形模板或曲线模板时难以应用。怎样制作圆形模板或曲线模板？如图4-19所示，基于分割原理提出一种由分割的木条组成的模板，木条由垂直于木条的两根绳索连接，可按照施工要求形成各种角度。这种模板可用于建造各种形状的混凝土结构，施工方便，混凝土成型后易于拆除。

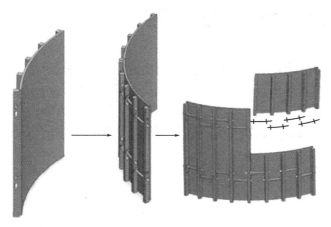

图4-19　分段模板

（3）增加物体的分割程度

【例4-8】　由于建筑要求，底部框剪结构和高层底部大空间结构中经常出现低矮剪力墙。这部分剪力墙为结构抗侧力的主要部件，但其延性较差，墙板一旦出现斜裂缝，便很快形成主斜裂缝，随之结构承载力显著下降。研制抗震性能好的低矮剪力墙是国内外工程界非常重视的问题。在整体墙上设置若干条平行的竖向通缝，缝中的钢筋被截断，并且不填充混凝土和其他材料。这种开通缝剪力墙改变了整体剪力墙的受力性能和机理，使剪力墙的受力状态由原来的墙板以受剪切破坏为主转变成各墙肢以受弯破坏为主，其破坏特征也转变为延性较好的弯曲破坏，从而大大地提高了剪力墙的延性，如图4-20所示。

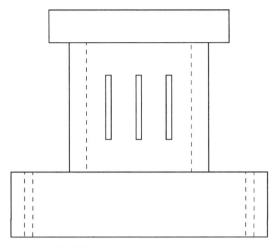

图4-20　带竖缝的剪力墙

2）抽取原理

从物体中抽取"干扰"部分（"干扰"特性）或者相反，分出需要的部分或特性。

【例4-9】　根据多孔渗透的达西定律，渗透过平行六面体过滤器的过滤线是倾斜的，图中过滤器上部类三角形的部分没有过滤作用，利用抽取原理将这部分没有过滤作用的材料取出，可以节省材料，不会影响净水效果。如图4-21所示。

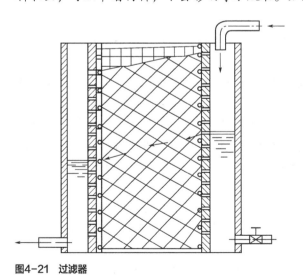

图4-21　过滤器

【例4-10】　对水表信息可以采用远程提取技术，如图4-22所示，并远程传送至工作人员，使工作人员不靠近水表就能采集信息。

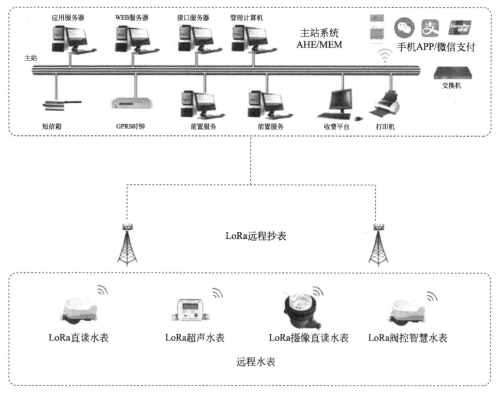

图4-22　远程信息传送技术

3）局部质量原理

【例4-11】超高层建筑中的太阳能和风能发电系统。

在建筑物上安装太阳能和风能发电系统中的风力发电系统，包括一个螺旋形风动轮和一些叶轮片。叶轮片阻断空气的流动产生机械能，进而由发电机转化为电能。风力轮叶或螺旋叶的表面铺设背板，背板按照预先设定的样式排布，如放射状。在风力发电装置的风动轮和轮叶上设置透明面，将太阳能板放在轮叶的空腔中，形成太阳能和风能联合发电装置。不使用时将发电装置放在屋内，使用时将其置于基座上在建筑外部沿水平或垂直方向移动。为保护其不受到鸟类的影响，可在外部设置网状结构。不使用时将其置于基座上在建筑外部沿水平或垂直方向移动。为保护其不受到鸟类的影响，可在外部设置网状结构。

【例4-12】为了防治矿山坑道里的粉尘，向钻机、料车等工作机械喷洒锥体状小水珠。水珠愈小，除尘效果愈好，但小水珠容易形成雾，造成操作工人工作困难。解决办法：环绕小水珠锥体外层再造成一层大水珠。

【例4-13】把草制成的建筑砌块，用作建筑物的围护墙，可起到保温和节能作用。但草会受到水的侵蚀，在围护墙外表涂上砂浆层，就可形成与外部环境相适宜的结构。如图4-23所示。

图4-23　草制成的建筑砌块结构

4）非对称原理

【例4-14】　异形柱框架轻型结构体系的创立与发展已有20余年的历史，异形截面短肢剪力墙结构体系的创立与发展已有10多年，是我国住宅建筑结构形式的一个重大发展。该结构体系边部为T形，中部为"十"字形，角部为L形，拐角部为Z形，其厚度与填充墙厚度相同，室内不出现柱棱，作为住宅，房间美观适用。如图4-24所示。

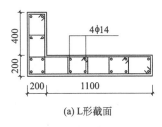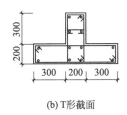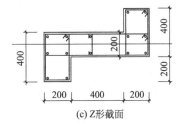

(a) L形截面　　　　　(b) T形截面　　　　　(c) Z形截面

图4-24　异形截面短肢剪力墙

【例4-15】　管线沟里通常建一道墙，在上面沿竖向开一道不对称槽用于管线埋设，并防止将来土出现竖向变形。

【例4-16】　通过一个对称形的漏斗卸载黄砂，在漏斗上部形成拱形，造成沙流不规则流动，可用一个不对称的漏斗就可消除这种拱形。

5）合并原理

开挖管道沟时，将光纤电缆、电线、煤气管、电缆、水管等集中设置在同一位置，将若干个管合并工作，如图4-25所示。

图4-25　管道合并

【例4-17】 屋顶的太阳能电池板。建筑物屋面板吸收阳光最多，因此，在屋顶铺设太阳能屋面板最有效，如图4-26所示。

图4-26　太阳能屋面板

【例4-18】 在解冻的土上进行挖掘作业，挖掘机上加上一个蒸汽喷管以融化并软化冻结的地面。

【例4-19】 玻璃窗在运输时常用的保护措施是用纸隔开，再用纸屑保护，然后装到木箱中。但是即使有这些预防措施，还是经常发生破损。为了减少这种情形，玻璃窗应尽可能结合成坚固的块状体来运输，而不是单片的形式运输。用一层薄油膜覆盖每片玻璃，然后将玻璃片接合在一起，这就比单片玻璃坚固得多。经测试，从2m高的高度往下丢，玻璃只受到一点破损，但用常用方式包装的玻璃片的破损率则超过了一半，如图4-27所示。

图4-27　易于运输的"玻璃块"

6）多用性原理

【例4-20】 通用墙板可具备多个建筑功能。通用墙板可将建筑的保温层、施工模板、内外装修面等多个功能一次性施工完成。其中支撑杆为矩形，可用简单的锁扣进行各种形状的连接，如图4-28所示。由于施工方便，结构简单，该墙板普遍应用于各种混凝土结构的建造工程。

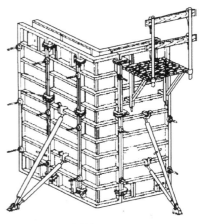

图4-28 混凝土墙板

7）套装原理

【例4-21】 钢管混凝土叠合柱是由截面中部的钢管混凝土柱和钢管外的钢筋混凝土嵌套而成的柱。其工艺流程为：钢管柱钢柱详图设计→钢管加工→钢管进场→柱脚螺栓加工→柱脚螺栓预埋→钢管吊装→钢管柱脚二次灌浆浇筑→柱脚混凝土养护→钢管柱→柱筋绑扎→钢管柱模板支设→钢管柱混凝土浇筑→拆模、养护。利用钢管对内部混凝土形成约束作用，大大提高了钢管内部混凝土的抗压能力，同时，外部混凝土对钢管起到防火和防屈曲约束的作用，大大提高了钢管的性能，使该结构性能远高于钢结构和混凝土结构。在施工过程中，利用钢管内外混凝土不同时施工的特点，形成时间分离，使钢管内外不均匀分配内力，增强柱子的抗震性能，如图4-29所示。

【例4-22】 伸缩式起重机也是套装原理的一个实例，更准确地说是结合了套装原理和动态原理，如图4-30所示。

图4-29 钢管混凝土叠合柱结构

图4-30 伸缩式起重机

8）重量补偿原理

【例4-23】 在建筑顶部设置质量块，质量块可以用水箱、空中花园等代替。当建筑主体结构在风振作用或地震作用下产生振动时，带动质量块系统一起振动，质量块系统产生的惯性力反作用到建筑结构上，其对主体结构的振动产生调谐作用，从而达到减少结构振动的目的，如图4-31所示。

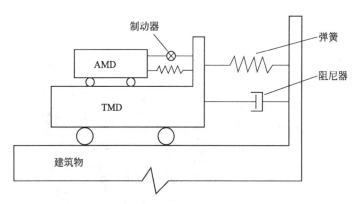

图4-31 建筑顶部设置质量块

【例4-24】 中国台北101大厦总高度502m，共100层，在87层的一个房间内挂有一个端部带阻尼的大复摆（图4-32），可降低40%~60%的风振或地震作用。

图4-32 101大厦阻尼器

【例4-25】 阿联酋28层七星级大酒店，为了抵抗地震和风振，在弧形支撑杆内安装了单自由度摆动的TMD系统，实现了减振。

【例4-26】 上海青浦电视塔，高168m，在离地面137.5m处悬挂有11个质量摆，经测试发现，电视塔天线端位移的控制效果为20.3%，塔楼加速度响应最大值控制效果为36.4%。

9）预先反作用原理

【例4-27】 在排水管道的安装过程中，为了实现排水管道连接闸与管道之间的紧密连接，在连接闸中间要安装一个弹簧，安装连接闸前压缩弹簧，并在连接闸内灌满水后冷冻。连接闸安装进管线后，冰慢慢融化，在弹簧作用下，连接闸与管线实现可靠连接。

【例4-28】 在胀缩性较大的土壤中安装管道时，应施加预加力作为应力补偿，在管道连接区域施加变形，实现施加预加力。

10）预操作原理

【例4-29】 采用预制技术建造建筑物的部分构件或整体建造，如图4-33所示。

【例4-30】 为防止螺母松动，在弹簧垫圈中某位置剪开垫圈，并将两端错位，如图4-34所示。

图4-33 预制装配建筑

图4-34 弹簧垫圈

11）预先补偿原理

【例4-31】 冬季，北方建筑物的排水管和排水槽中会形成坚硬的冰柱，有的长达数米。春天冰柱融化时，排水管受到阳光照射，吸收的热量首先融化冰柱外表。冰柱融化到一定程度时，会在重力作用下从排水管中滑落，冲破排水管的弯头，冰柱碎块则从排水管中飞出，有时会扎伤行人。如何消除这一问题？应用预先补偿原理的解决方案是，在排水管中穿一根绳子。冰柱融化滑落时，冰柱中的绳子可有效防止冰柱滑落，保证冰慢慢地消融。

【例4-32】 事先涂敷可使小裂缝愈合的物质。按苏联发明专利的办法，树枝在锯掉前套上一个紧箍环，树木感到该处有"病"，于是向那里输送营养物质和治疗物质。这样，在树枝被锯之前这些物质便积聚起来，锯后的锯口就会迅速愈合。

【例4-33】 梯子搬运装置包含钢框架和一个垫子，垫子用以缓解工人肩膀的受力，如图4-35所示。

【例4-34】 在路面下方铺设管线时，管道安装前需加一道特殊保护覆层对管线进行特殊保护。

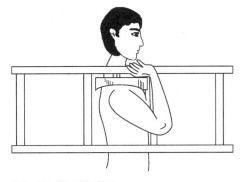

图4-35 梯子搬运装置

12）等势性原理

【例4-35】 城市的中心广场有一座古塔，似乎在逐渐下沉。测量人员在测量工作中遇到了难题，广场周围的建筑很可能也在一起下沉，不能作为高度不变的标准。广场外的建筑物均被古塔和公园的墙壁遮挡住，无法进行测量。应用等势原理提出的解决方案是：用两根细管，一根安装在塔上，一根安装在广场外的建筑上用胶管将其连接起来，灌入液体，形成水平仪。两根细管中液体保持同样的高度，在细管上标出高度，如果塔上的细管内液体升高，则表明古塔下沉。

13）逆向思维原理

【例4-36】 如果下水道等地下管道出现故障，现在需要从内部修理，怎样实现呢？可应用逆向反转技术有效地解决这一问题。首先将一根软管插入另一根直径较大的软管中，两管在管端一侧黏合，然后将黏合端从检修孔插入需维修的管道中。此时，在内外两管中间部分增大气压，就会看见内部管道在维修管道中移动，而外部管道将黏合在维修管道的内表面。这是一个很容易操作的方法，实现了用"双管"反转技术从管道内部维修。这种技术由Insituform公司发明，并在全世界范围应用广泛，如图4-36所示。

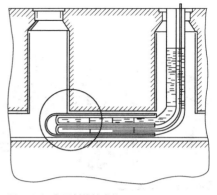

图4-36　伽马射线校准仪

14）曲面化原理

【例4-37】 检验土壤表面密实度时常用圆锥体重锤，施工中压实机作用不能压在圆锥体重锤上，否则会影响施工进程。为解决这一问题，人们提出用球形轮子代替圆锥形重锤。压实机在移动过程中，对球形轮子产生压力，通过测量球形轮子沉入土中的深度即可对土壤的密实度进行估测。

图4-37　高楼逃生弯管系统

【例4-38】 高楼逃生弯管系统。在高层建筑的各层安装逃生窗口，与外部橡胶管连接，橡胶管用线缆固定，发生紧急情况时，人们可从橡胶管道到达地面，如图4-37所示。

15）动态化原理

【例4-39】 用带状电焊条进行自动电弧焊，为了大范围地调节焊池的形状和尺寸，把电焊条沿着母线弯曲，使其在焊接过程中呈曲线状。

【例4-40】 在房间中设置装配式隔墙，隔墙底部内藏轮子，可实现移动。根据人们的喜好、季节等差异将房间分隔成各种不同的空间。

【例4-41】 浇注混凝土管道时，可用塑料带螺旋缠绕形成混凝土管道内外表面模板，通过内外表面的连锁装置固定其位置，可适用于不同直径的要求。

16）未达到或超过作用原理

【例4-42】 钉子尾部有两个端头，便于拔出，常用于可装配拆卸的模板，如图4-38所示。

【例4-43】 在加工钢管柱过程中，需要在完成弯卷焊接后对钢管进行切割，但完成焊接钢管的设备输出钢管的速度很快，而切割设备的电锯切割速度则较慢。工程师常调慢焊接钢管设备的输出速度，以使两种设备可协调工作，但这样则降低了工作效率。更好的方法是：加工钢管前对带状原材料进行部分切割，保留部分保证有足够的连接强度完成弯卷焊接，如此则实现了高效的连续作业。

图4-38 可装配拆卸的钉子

17）维数变化原理

【例4-44】 越冬圆木存放时，堆放在下部的木材常常由于积雪反复冻融，质量受损。为了避免该问题发生，将圆木扎成捆，其横截面的宽和高超过圆木的长度，然后立放，这样就可以减小受冻木材的体积，还可以增大存放场地的单位容积。

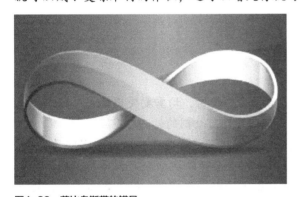

图4-39 莫比乌斯带的锚具

【例4-45】 挡土墙的锚具由柔性金属带制成，该锚具设计成半个莫比乌斯带的形状，莫比乌斯带是一种单侧、不定向的曲面，莫比乌斯带的特殊特性在于其锚固带两侧压力不同时形成应力补偿，以抵抗金属带的相反面上受到的力，如图4-39所示。

莫比乌斯带，又译梅比斯环或麦比乌斯带，是一种拓扑学结构，它只有一个面（表面）和一个边界。它是由德国数学家、天文学家莫比乌斯和约翰·李斯丁在1858年发现的。这个结构可以用一个纸带旋转半圈再把两端粘上之后轻而易举地制作出来。事实上有两种不同的莫比乌斯带镜像，它们相互对称。如果把纸带顺时针旋转再粘贴，就会形成一个右手性的莫比乌斯带，反之亦类似。莫比乌斯带本身具有很多奇妙的性质。

18）振动原理

【例4-46】 无锯木锯断木材的方法是通过使用脉冲频率与被锯木材的固有振动频率相近的锯木工具实现的，在锯木过程既省时又省力。

【例4-47】 建筑物自身的基本周期在设计时，应与所建场地的基本周期有所差别，以避免地震时产生共振。

【例4-48】 垂直管道顶部和底部用网状材料覆盖，振动管道，则可将空气从管道底部抽到管道顶部。

19）周期作用原理

【例4-49】 用热循环自动控制薄零件的焊接时，为提高焊接控制的准确度，采用高频率脉冲焊接，在焊接电流脉冲的间隔测量温差电动势。

【例4-50】 设备的伽马射线穿过不同地质构造时，会产生不同衰减现象，利用该原理可连续不断地测量地质构造的密度，对地质进行勘探。如果没有迹象表明是"轻质"土壤，则钻探设备可直接将土壤毁坏，若有密度较小的物质存在，则将钻探样本送回地面进行进一步检测，如图4-40所示。由于煤层的密度小于普通土壤的密度，该方法也可用于探测煤层。

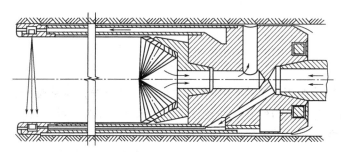

图4-40　伽马射线测量地质构造

20）有效作用的连续性原理

【例4-51】 加工钢筋连接套管、锚固板或预应力锚具时，均需要使用钻头对加工件进行钻孔，为提高加工效率，可使用在工具的往返过程中均可切削的钻头。

【例4-52】 管道运送安装系统。在地下管道安装过程中，常面临着管沟塌陷的危险，因此保证工人安全成为一个重大的问题，而通常采用安全的措施则会大大延长工期。解决这个问题最理想的方法是将已经组装好的管道自己下降到管沟底部，而不是由工人在地下进行组装。施工方法是：用膨润土泥浆填满管沟，将组装好的管道两端密封后放置在泥浆上，管道则漂浮在泥浆表面，然后将泥浆缓慢抽出，管道将缓慢地、水平地随着泥浆水平面的降低而下降至管沟底面。

21）紧急行动原理

【例4-53】 生产胶合板时用烘烤法加工木材，为保持木材的本性，在生产胶合板的过程中直接用300～600℃的燃气火焰短时间作用来烘烤木材。

22）变害为利原理

【例4-54】 冰冷的天气下运输砂子或碎石常会因温度过低而结块变硬，使用液态氮的方法可使砂子或碎石因过度结冻而破碎，有利于灌注。

【例4-55】 德国一栋石砌建筑物由于地基不均匀发生沉降而导致倾斜，墙壁开裂，情况危险。通常需拆除建筑物，再建造新的建筑物，但是代价较大。最后采取的合理方案是：

沿最大压力线将建筑物切成两部分，然后补强地基，将建筑物两部分分别调直。因此，有害的影响反而产生好处。从水泥上的裂痕很容易判断受压区域，根据受压区域也就找出了切割线，见图4-41。

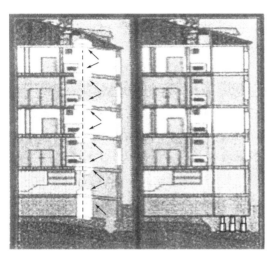

图4-41 确定切割线

23）反馈原理

【例4-56】 消除土壤收缩，通常对土壤注水形成饱和土（所注水有时含有特殊化学成分）。注水过程中监测土壤性能的变化，监测的反馈结果就可用于优化注水过程。

24）中介物原理

【例4-57】 罗威套管是俄罗斯应用时间很长的技术，该技术为保证螺钉固定在墙上，利用"中介"原理，预先将轴向空心的罗威套管插入墙上的孔中，如图4-42所示。

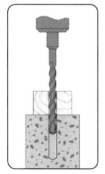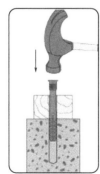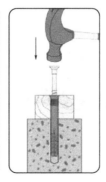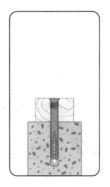

图4-42 罗威套管

25）自服务原理

【例4-58】 为使屋顶在裂缝后具有自修复功能，常在屋顶面层下铺一层膨润土。当面

图4-43 膨润土屋顶

层开裂时,水渗入膨润土层,膨润土开始膨胀并填满裂缝,如图4-43所示。这种方法可用于新建屋顶,也可用于修复已建屋顶。

26)复制原理

【例4-59】 运输圆木时,快速计算木材的总体积是一个很难解决的问题,由于每根圆木体积不同,不能简单估算,对每根圆木单独计算又过于烦琐。最后找到的方法是,在圆木堆上放一个标准尺度的参照物,对圆木堆进行拍照,根据照片中的参照物对比测量。

【例4-60】 根据未知高度物体的阴影对比已知高度物体的阴影,得到未知物体的高度。

27)廉价替代品原理

【例4-61】 加工钢管时,轧制完成后,冷却前要给钢管内壁涂上一层均匀的润滑油,但完成这项工作很困难,需要设计制造一台专用的移动机进入钢管内,完成涂油工作,由于管内壁非平面,涂油速度比较慢,工作效率很低。提出的解决办法是:制作一种涂好润滑油的纸带,贴在轧制前的钢板上,纸在高温下燃烧,润滑油则均匀涂在钢管内壁。

【例4-62】 充气工棚造价低,也可作为恶劣天气时的临时避难所。

28)机械系统的替代原理

【例4-63】 挖掘地沟时采用激光装置测量挖掘深度,如图4-44所示。

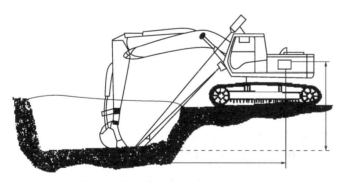

图4-44 激光装置测量挖掘示意图

29)气体与液压结构原理

【例4-64】 运输排水管等易碎品时,在集装箱里面设置充气囊,使排水管等易碎品在运输中相互靠紧却不致撞坏。

　　如果需要短时间使一种物体与另一种物体紧紧靠住，则应用"气袋"法，这种方法操作简单，不需要精磨相接平面，而且可以消除冲击荷载。"气袋"使一个制品紧靠另一个制品，这是典型的物质－场系统。在该物质－场系统中，"袋"起着机械场的作用。按照TRIZ理论中的物质－场系统发展的一般规则，该场必然会过渡到铁磁场系统，这种过渡也确实发生了。

　　【**例4-65**】　充气式堤坝、充气式水池（图4-45）的管线中应用充气塞子，充气物也常用于堤坝加固。

　　【**例4-66**】　用充气气球测量地下空洞的大小。在气球内部安装一根垂直的竖杆，在竖杆的不同高度处安装绕线的卷轴，各条线的一端连接在气球的内表面测量时，将安装好的气球深入地下空洞中已知深度后充入气体，气球将扩充至地下孔洞的内表面，而连接在气球表面的线也将到达孔洞内表面，如图4-46所示。之后放出气体，将气球取出，测量各线的长度，即可得知地下孔洞的大小和位置。

图4-45　充气式水池

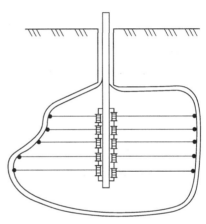

图4-46　充气气球测量地下空洞

30）柔性壳体或薄膜原理

　　【**例4-67**】　加气混凝土制品的成型方法是在模型里浇注原料，然后在模中静置成型，为提高膨胀度，在浇注模型里的原料上罩上不透气薄膜。

　　【**例4-68**】　酚醛树脂或其他相近性能的树脂浸渍胶膜纸贴在混凝土胶合板表面，形成防水层浸渍纸贴面混凝土模板，与普通混凝土胶合模板相比，具有好的耐水、耐磨、耐腐蚀、板面平滑、易于脱膜等优点，在建筑上可提高混凝土质量与工效，已越来越广泛地为大型施工单位所采用。

31）多孔材料原理

　　【**例4-69**】　利用结合块体材料和多孔材料制作排水性能良好的结构。路面包含多孔的路基及与基础连接的块体复合物，多孔路面材料的水传导率从 $0.001{\sim}1.0\text{cm/s}$ 不等。这种结构具有混凝土的承载性及多孔材料的导水性，有利于路面排水及雨水处理，如图4-47所示。

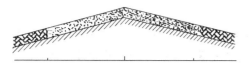

图4-47 多孔结构屋顶

在欧洲，这种结构常用于屋顶。

【例4-70】 多孔材料置于土中可测量土壤湿度。比如将1m³的多孔材料置于土中，其湿度将与周围的土达到平衡，其不同的含水量对应不同的电压。通过表盘读数可得到土壤的含水量。这种方法是检测土壤含水量的一种无损检测方法。

32) 改变颜色原理

【例4-71】 日本名古屋工业研究所开发了一种多孔内墙材料，能够根据环境湿度的不同呈现不同颜色。潮湿时变蓝，干燥时变红，及时向人们提醒环境的干湿变化，有助于人们对生活环境进行控制，促进生存条件的改善。

【例4-72】 塑料可以改变太阳的颜色，保护建筑物的表面。用绿色塑料瓶装组合装饰墙面，形成一层能聚水、种植花卉覆盖面。通过对建筑臭味、霉菌、潮湿、结露、通风速率、烟气运动等调研和测试，该覆盖面层可有效地改善空气质量。

【例4-73】 输气管道沿线应种植苜蓿，因为当有微量可燃气泄漏时，苜蓿就会改变颜色，人们可以从飞机上所拍的管线区域照片找出可燃气泄漏的位置。

33) 同质性原理

【例4-74】 获得固定铸模的方法是用铸造法按芯模标准件形成铸模工作腔，为了补偿在此铸模中成型的制品的收缩，芯模和铸模应用与制品相同的材料。

34) 抛弃与修复原理

【例4-75】 检查焊接过程高压区的方法是向高温区加入光导探头。其特征是，为改善在电弧焊和电火花焊接过程中检查高温区的可能性，利用可熔化的探头，以不低于自己熔化速度的速度不断地送入要检查的高温区。

【例4-76】 建筑中，改造指的是材料的循环利用或对原始结构的修整等。例如露天开矿石后，再进行回填以保证环境平衡。

【例4-77】 回收透明的塑料瓶，剪断瓶颈，将其像锁链一样嵌套连接，组成可用于建筑的方形块体。此种方法可用于直立的花房，如图4-48所示。

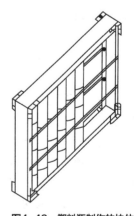

图4-48 塑料瓶制作的块体

35) 物理化学参数变化原理

【例4-78】 降落跑道的减速地段建成"浴盆"形式，里面充满黏性液体，上面再铺上厚厚的一层弹性物质。

【例4-79】 安装过滤材料时，将已分类的材料放入圆柱体并冰冻，然后块体进地下管道解冻，将污水排出，如图 4-49 所示。

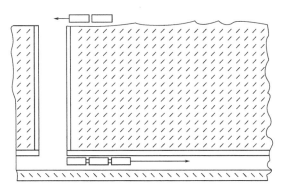

图4-49 过滤材料安装过程示意图

图4-50 磁性相变发电机

36）相变原理

【例4-80】 制作密封横截面形状各异的管道和管口的塞头，为了统一规格和简化结构，塞头制成杯状，里面装有低熔点合金。合金凝固时膨胀，从而保证结合处的密封性。

【例4-81】 利用材料经阳光加热后发生的磁性变化（居里效应），提出一种"类永久"发电机。转轴由可进行有磁性至无磁性相变的金属制成，这种转轴在外在永久磁铁作用下，加热至居里点后开始旋转，如图 4-50 所示。

37）热膨胀原理

【例4-82】 温室盖用铰链连接的空心管制造，管中装有易膨胀液体。温度变化时，管子重心改变，因此空心管可以自动升降。

【例4-83】 采用热控制的灯塔，如图4-51 所示。

38）加速强氧化原理

【例4-84】 制造建筑材料时，需要用

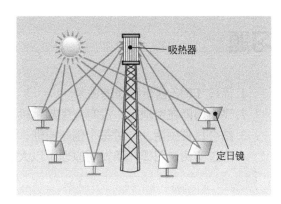

图4-51 采用热控制的灯塔

矿石熔炼后的矿渣做原料，但在运送过程中，矿渣表面会形成坚硬的壳，使用时破壳非常困难，而且清除运输装置表面凝固的矿渣也很费力，造成巨大的原料和人力浪费。如果对运输装置进行绝热处理，绝热层会占用很大的空间，超过铁路的运输极限。如果给运输设备加一个绝缘的盖子，则需要用吊车搬运盖子，工作量巨大。苏联发明家美克尔·夏洛波夫解决了这一问题，他的解决方案是：运输前在灼热的矿渣上泼上冷水，矿渣和冷水急速氧化反应形成一层矿渣泡沫，泡沫具有很好的保温作用，将矿渣和空气隔绝，相当于在矿渣表面上加了一个厚厚的盖子，这个盖子不会妨碍装卸矿渣，也不需要开启。

【例4-85】 用在氧化剂媒介中化学输气反应法制取铁箔。为了增强氧化和增大铁箔的均一性，该过程应在臭氧媒介中进行。

39）惰性环境原理

【例4-86】 中空玻璃内部充入惰性气体。充入惰性气体的中空玻璃具有保温、隔热、隔声、不结露、不上霜、寿命长的特点，并可减少玻璃内部应力，使内外压力平衡。由于惰性气体具有分子体积大、重量大的特点，在空气中运动缓慢，可以减缓空气层中由于温差而产生的气体分子运动，从而减少了由于对流传热造成的热量流失。因此，充气玻璃中的惰性气体有十分突出的绝热性能。通常充入中空玻璃内部的惰性气体有氩气、氪气，其中氩气由于价格便宜、隔热效果好，而在民居中空玻璃上大量应用。

【例4-87】 惰性气体灭火系统。按照所用惰性气体灭火剂的特性，利用迅速释放出的大量惰性气体来降低燃烧区域的氧含量，使易燃物不能维持燃烧。在所保护的空间内，大约有50%的空气必须被所用的灭火剂替代，以实现有效灭火。

40）复合材料原理

【例4-88】 金属进行热处理后，为提高冷却速度，对金属冷却剂进行气化处理，将冷却剂气体与液体混合，形成悬浮体。

【例4-89】 地下管道的端部设置磁带，或采用聚合物粉末和铁混合制造聚合物管道端部，检测管道时可高效地指示管道端部的位置。

习题

1. 简述 TRIZ 创新原理的由来。
2. 飞机迫降在空地上，没有大型起重机，怎样将飞机运到维修部？
3. 结合日常生活，针对每个创新原理，请举出一个应用实例。
4. 通过实例说明哪几条发明原理可以大幅度地降低产品成本。

第**5**章

技术冲突

5.1 冲突的概念

产品设计会受到各种因素的约束，必然会形成冲突。通过对大量发明专利的研究，阿奇舒勒发现，真正的"发明"（指发明级别为第二级、第三级和第四级的专利）往往都需要解决隐藏在问题当中的冲突。于是，阿奇舒勒规定：是否出现冲突（冲突是必须解决的冲突）是区分常规问题与发明问题的一个主要特征。与一般设计不同，只有在不影响系统现有功能的前提下成功地消除冲突，才能认为是发明性地解决了问题。当解决这些冲突是在提高了一种功能的同时导致了另一种功能的降低，或消除一种有害功能导致另一个子系统有用功能变坏，此时说明存在冲突。TRIZ 的核心问题就是解决冲突。在 TRIZ 理论中，冲突共分为三类：技术冲突、物理冲突及管理冲突。

技术冲突是指一个作用同时导致有用及有害两种结果，也指有用作用的引入或有害效应的消除导致一个或几个子系统或系统变坏。例如，桌子强度增加，导致重量增加；桌面面积增加，导致体积增大。又例如，改善了汽车的速度，导致了安全性发生恶化。这个例子中，涉及的两个参数是速度和安全性。

物理冲突是指为了实现某种功能，一个子系统或元件应具有一种特性，但同时出现了与该特性相反的特性。

管理冲突是指为了避免某些现象或希望取得某些结果，需要做一些事情，但不知如何去做。管理冲突本身具有暂时性，而无启发价值。因此，不会表现出问题的解的可能方向。

技术冲突和物理冲突属于技术系统中的冲突。其中技术冲突的表现形式有：

① 在一个子系统中引入一种有用功能，导致另一个子系统产生一种有害功能或加强了已存在的一种有害功能。

② 消除一种有害功能导致另一个子系统有用功能变坏。

③ 有用功能的加强或有害功能的减少使另一个子系统或系统变得太复杂。

物理冲突的表现形式有：

① 一个子系统中有用功能加强的同时导致该子系统中有害功能的加强。

② 一个子系统中有害功能降低的同时导致该子系统中有用功能的降低。

5.2 技术冲突的解决

5.2.1 TRIZ解决技术冲突的过程

TRIZ 解决技术冲突的过程是，先将具体问题转换并表达为 TRIZ 问题，然后利用 TRIZ 体系中的理论和工具方法获得 TRIZ 通用解，最后将 TRIZ 通用解转化为具体问题的解，在实际问题中加以实现。如何将具体问题转化并表达为一个 TRIZ 问题是一个重点问题。通用工程参数是连接具体问题与 TRIZ 理论的桥梁，可用通用工程参数将各种冲突进行标准化归类，进行问题的表述，如图 5-1 所示。

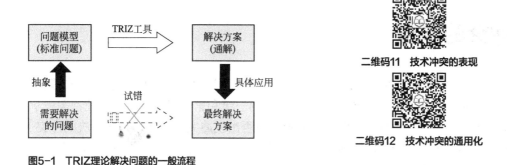

二维码11 技术冲突的表现

二维码12 技术冲突的通用化

图5-1 TRIZ理论解决问题的一般流程

通过对大量专利的研究分析、比较、统计，阿奇舒勒发现仅用 39 项工程参数，即可表述工程技术性能的改善或恶化，其中任意 2 个参数产生冲突时，工程技术就出现了冲突。这些冲突不断地出现，又不断地被解决。总结化解该冲突所使用的原理，形成了著名的 40 个发明创新原理。

将 39 个参数按照改善参数和恶化参数的顺序构成矩阵，矩阵的横轴表示希望得到改善的参数，纵轴表示某技术特性改善引起恶化的参数，横纵轴各参数交叉处的数字表示用来解决系统冲突时所使用发明创新原理的编号，将工程参数的冲突与发明创新原理形成对应关系，建立了一个 39×39 的矩阵，以便使用者查找。这就是著名的技术冲突矩阵。

冲突矩阵使问题解决者可以根据系统中产生冲突的 2 个工程参数，从矩阵表中直接查找化解该冲突的发明创新原理，并使用这些原理来解决问题。该矩阵将工程参数的冲突和 40 个发明创新原理有机地联系起来。

5.2.2 39个通用工程参数

在详细研究了大量专利的基础上，TRIZ 总结提炼出了工程领域内常用的表述系统性能的 39 个通用工程参数，见表 5-1。在问题的定义、分析过程中，选择 39 个工程参数中相适宜的参数来表述系统的性能，将一个具体问题用 TRIZ 的通用语言表述了出来。39 个通用参数一般是物理、几何和技术性能的参数。

二维码13 39个工程参数

表5-1　39个通用工程参数

序号	名称	序号	名称	序号	名称
1	运动对象的重量	14	强度	27	可靠性
2	静止对象的重量	15	运动对象的作用时间	28	测量的精确性
3	运动对象的长度	16	静止对象的作用时间	29	制造精度
4	静止对象的长度	17	温度	30	作用于对象的外部有害因素
5	运动对象的面积	18	光照度	31	对象产生的有害因素
6	静止对象的面积	19	运动对象所需要的能量	32	可制造性
7	运动对象的体积	20	静止对象所需要的能量	33	可操作性
8	静止对象的体积	21	功率	34	可维修性
9	速度	22	能量的无效损耗	35	适应性
10	力	23	物质的无效损耗	36	系统的复杂性
11	应力或压力	24	信息的损失	37	检测的难度
12	形状	25	时间的无效损耗	38	自动化程度
13	对象的稳定性	26	物质的量	39	生产率

从表5-1中可以看出，许多参数都被区分为"运动对象的"和"静止对象的"。所谓"运动对象"是指可以很容易地改变空间位置的对象。不论对象是靠自己的能力来运动，还是在外力的作用下运动。交通工具和那些被设计为便携式的对象都属于运动对象。而"静止对象"是指空间位置不变的对象。不论是对象靠自己的能力来保持其空间位置的不变，还是在外力的作用下保持其空间位置的不变。判断两者的标准是：在对象实现其功能的时候，其空间位置是否保持不变，例如建筑物、台式计算机、洗衣机、写字台等均为"静止对象"。

准确地理解每个参数的含义，有助于从问题中正确地抽取冲突。当然，由于这39个参数具有高度的概括性，所以很难将其定义得非常精确。从另一个角度来说，也不能将它们定义得过于死板，否则就失去了其应有的灵活性。以下是39个通用参数的含义：

① 运动对象的重量：是指在重力场中运动物体所受到的重力。如运动物体作用于其支撑或悬挂装置上的力。

② 静止对象的重量：是指在重力场中静止物体所受到的重力。如静止物体作用于其支撑或悬挂装置上的力。

③ 运动对象的长度：是指运动物体的任意线性尺寸（不一定是最长的）都认为是其长度。例如，一个运动的长方体的长、宽、高都可以看作是运动物体的长度。

④ 静止对象的长度：是指静止物体的任意线性尺寸（不一定是最长的）都认为是其长度。

⑤ 运动对象的面积：是指用平方单位制（例如，平方米、平方厘米）表示的，运动物体内部或外部的表面或部分表面的面积，或指由线所围成的面所描述的几何特性，被对象所占据的某个面的局部。

⑥ 静止对象的面积：是指用平方单位制（例如，平方米、平方厘米）表示的，静止物体内部或外部的表面或部分表面的面积。

⑦ 运动对象的体积：是指用立方单位制（例如，立方米、立方厘米）表示的、某个对象所占据的空间，或者运动物体所占有的空间体积。

⑧ 静止对象的体积：是指静止物体所占有的空间体积。例如，长方体的体积可以用

"长 × 宽 × 高"表示；圆柱体的体积可以用"底面积 × 高"表示。

⑨ 速度：是指物体的运动速度、过程或活动与时间之比，即单位时间内完成某种动作或过程的量。

⑩ 力：是指两个系统之间的相互作用。从牛顿力学角度讲，力等于质量与加速度的乘积。在 TRIZ 中，力是试图改变物体状态的任何作用，即使对象或系统产生部分地或完全地、暂时地或永久地变化的能力。

⑪ 应力或压力：是指单位面积上所受到的力。应力是指对象截面某一单位面积上的内力；压力是指垂直作用在物体表面上的力。

⑫ 形状：是指物体外部轮廓或系统的外貌。

⑬ 对象的稳定性：是指系统的完整性及系统组成部分之间的关系，或对象的组成元素在时间上的稳定性。磨损、化学分解及拆卸都会降低稳定性。

⑭ 强度：是指物体抵抗外力作用使之变化的能力，或者对象在外力作用下抵抗永久变形和断裂的能力。

⑮ 运动对象的作用时间：是指运动状态下物体完成规定动作的时间。服务期平均无故障工作时间也是作用时间的一种度量。

⑯ 静止对象的作用时间：是指静止状态下物体完成规定动作的时间。服务期平均无故障工作时间也是作用时间的一种度量。

⑰ 温度：是指物体或系统所处的热状态，包括其他热参数，如影响改变温度变化速度的热容量。

⑱ 光照度：是指照射到物体某一表面上的光通量与该表面面积的比值，也可以理解为物体的适当亮度、反光性和色彩。

⑲ 运动对象所需要的能量：是指能量是物体做功的一种度量。在经典力学中，功等于力与距离的乘积。能量也包括电能、热能及核能等。完成任何特定的工作，都需要能量。

⑳ 静止对象所需要的能量：是指能量是物体做功的一种度量。在经典力学中，功等于力与距离的乘积。能量也包括电能、热能及核能等。

㉑ 功率：是指单位时间内所做的功，即利用能量的速度。

㉒ 能量的无效损失：是指对所从事的工作没有贡献的能量消耗，为了减少能量损失，需要应用不同的技术来改善能量的利用情况。

㉓ 物质的无效损失：是指部分或全部、永久或临时的材料、部件或子系统等物质的损失。

㉔ 信息的损失：是指部分或全部、永久或临时的数据损失，常常包括感官上的信息，例如气味、声音等。

㉕ 时间的无效损失：是指一项活动所延续的时间间隔。改进时间的损失指减少一项活动所花费的时间。

㉖ 物质的量：是指材料、部件及子系统等的数量，他们可以被部分或全部、临时或永久地改变。

㉗ 可靠性：是指系统在规定的方法及状态下完成规定功能的能力。

㉘ 测量的精确性：是指系统特征的实测值与实际值之间的误差，通过减少测量过程中的误差可以增加测量的精确性。

㉙ 制造精度：是指系统或物体的实际性能与所需性能之间的误差。

㉚ 作用于对象的外部有害因素：是指物体对受外部或环境中的有害因素作用的敏感程度。

㉛ 物体产生的有害因素：有害因素会降低对象（或系统）机能的效率或质量。这些有害影响是由对象（或系统）产生的，是对象（或系统）运行过程的一部分。

㉜ 可制造性：是指物体或系统制造过程中简单、方便的程度。

㉝ 可操作性：是指要完成的操作应需要较少的操作者、较少的步骤以及使用尽可能简单的工具。通常，一个方便的过程由于具有正确完成其功能的可能性，因而具有高的收益。

㉞ 可维修性：是指对于系统可能出现失误所进行的维修要时间短、方便和简单，其是一种质量特性。例如，对于系统中出现的故障或毛病来说，进行维修时，应方便、简单、需要的时间短。

㉟ 适应性：是指物体或系统响应外部变化的能力，或应用于不同条件下的能力。

㊱ 系统的复杂性：是指系统中元件数目及多样性，如果用户也是系统中的元素将增加系统的复杂性。掌握系统的难易程度是其复杂性的一种度量。

㊲ 检测的难度：是指如果一个系统复杂、成本高，需要较长的时间建造及使用，或部件与部件之间关系复杂，都会给系统的监控与测试带来困难。测试精度高，增加了测试的成本也是测试困难的一种标志。

㊳ 自动化程度：是指系统或物体在无人操作情况下完成任务的能力。自动化程度的最低级别是完全人工操作。最高级别是机器能自动感知所需的操作、自动编程，并对操作自动监控。中等级别则需要人工编程、人工观察正在进行的操作、改变正在进行的操作及重新编程。

㊴ 生产率：是指单位时间内所完成的功能或操作数。

为了应用方便，上述 39 个通用工程参数可分为如下三类：

物理及几何参数：①～⑫，⑰，⑱，㉑。即运动对象和静止对象的重量、运动物体和静止对象的长度、运动对象和静止对象的面积、运动对象和静止对象的体积、速度、力、应力或压力、形状、温度、光照度、功率。

技术负向参数：⑮，⑯，⑲，⑳，㉒～㉖，㉚，㉛。即运动对象和静止对象的作用时间、运动对象和静止对象所需要的能量、能量的无效损失、物质的无效损失、信息的损失、时间的无效损失、物质的量、作用于对象的外部有害因素、对象产生的有害因素。

技术正向参数：⑬，⑭，㉗～㉙，㉜～㊴。即对象的稳定性、强度、可靠性、测量的精确性、制造精度、可制造性、可操作性、可维修性、适应性、系统的复杂性、检测的难度、自动化程度、生产率。

其中，所谓技术负向参数是指当这些参数的数值变大时，会使系统或子系统的性能变差。如子系统为完成特定的功能时，所消耗的能量越大，则说明这个子系统设计得越不合理。所谓技术正向参数，是指当这些参数的数值变大时，会使系统或子系统的性能变好。如子系统的可制造性指标越高，则子系统制造的成本就越低。

5.2.3　冲突矩阵

（1）冲突矩阵的组成　当 39 个工程参数中的任意 2 个参数产生冲突时，就可以用 40

个发明原理化解该冲突。阿奇舒勒还将工程参数的冲突与发明创新原理建立了对应关系，整理成一个 39×39 的矩阵，以便使用者查找，这个矩阵称为冲突矩阵。冲突矩阵浓缩了对大量专利研究所取得的成果，矩阵的构成非常紧密，而且是自反体系。

二维码14 冲突矩阵表

　　冲突矩阵使问题解决者可以根据系统中产生冲突的 2 个工程参数，从矩阵表中直接查找化解该冲突的发明创新原理，并使用这些原理来解决问题。该矩阵将工程参数的冲突和 40 个发明创新原理有机地联系了起来，如表 5-2 所示。全部的冲突矩阵表请扫描二维码 14 查看。

表5-2　冲突矩阵表（部分）

恶化的参数 改善的参数	运动对象的重量	静止对象的重量	运动对象的长度	静止对象的长度	运动对象的面积	静止对象的面积
运动对象的重量		—	⑮, ⑧, ㉙, ㉞	—	㉙, ⑰, ㊳, ㉞	
静止对象的重量	—		—	⑩, ①, ㉙, ㉟		㉟, ㉚, ⑬, ②
运动对象的长度	⑧, ⑮, ㉙, ㉞	—		—	⑮, ⑰, ④	
静止对象的长度	—	㉟, ㉘, ㊵, ㉙		—		⑰, ⑦, ⑩, ㊵
运动对象的面积	②, ⑰, ㉙, ④		⑭, ⑮, ⑱, ④			
静止对象的面积	—	㉚, ②, ⑭, ⑱	—	㉖, ⑦, ⑨, ㉚	—	

　　冲突矩阵的第 1 列和第 1 行分别为 39 个通用工程参数的名称，第 1 列是欲改善的参数，第 1 行是恶化的参数。39×39 的工程参数从行、列两个维度构成的矩阵方格共 1521 个，其中在 1263 个方格中有几个数字，这几个数字就是 TRIZ 所推荐的解决对应工程冲突的发明创新原理的编号。

　　45°对角线方格是同一名称工程参数所对应的方格，表示产生的冲突是物理冲突，不在技术冲突应用范围之内。带"—"方格表示没有找到合适的发明创新原理来解决问题，当然只是表示研究的局限，并不说明不能应用发明创新原理。

　　（2）查找冲突矩阵　根据问题分析所确定的工程参数，包括"欲改善的参数"和"欲恶化的参数"，查找冲突矩阵。

　　首先沿"改善的参数"箭头方向，从矩阵的第 2 列向下查找"欲改善的参数"所在的位置，得到"①运动物体的重量"；然后沿"恶化的参数"箭头方向，从矩阵的第 1 行向右查找被"恶化的参数"所在的位置，得到"⑨速度"；最后，以改善的工程参数所在的行和恶化的工程参数所在的列，对应矩阵表中方格中的数字，这些数字就是建议解决此对工程冲突的发明创新原理的编号，这 4 个编号分别是：②、⑧、⑮、㊳，即发明原理为②抽取原理、⑧重量补偿原理、⑮动态化原理、㊳加速强氧化原理。

5.2.4　应用冲突矩阵解决技术冲突

　　解决技术冲突的核心思想是：在改善技术系统中某个参数的同时，其他参数不受影响。

应用冲突矩阵解决工程冲突时，应遵循以下16个步骤：

① 确定技术系统的名称。

② 确定技术系统的主要功能。

③ 对技术系统进行详细分解，划分系统的级别，列出超系统、系统、子系统各级别的零部件及各种辅助功能。

④ 对技术系统、关键子系统、零部件之间的相互依赖关系和作用进行描述。

⑤ 定位问题所在的系统和子系统，对问题进行准确描述。避免对整个产品或系统笼统的描述，以具体到零部件级为佳，建议使用"主语＋谓语＋宾语"的工程描述方式，定语修饰词尽可能少。

⑥ 确定技术系统应改善的特性。

⑦ 确定并筛选待设计系统被恶化的特性。因为提升欲改善的特性的同时，必然会带来其他一个或多个特性的恶化，所以应筛选并确定这些恶化的特性。同时，恶化的参数尚未发生，所以确定起来需要大胆设想，小心求证。

⑧ 将上述第⑥、⑦步所确定的参数，对应39个通用工程参数重新描述。工程参数的定义描述是一项难度颇大的工作，不仅需要对39个工程参数充分理解，还需要丰富的专业技术知识。

⑨ 对工程参数的冲突进行描述。若欲改善的工程参数与随之被恶化的工程参数之间存在着冲突，如果所确定的冲突的工程参数是同一参数，则属于物理冲突。

⑩ 对冲突进行反向描述。如降低一个被恶化的参数程度，欲改善的参数将被削弱，或另一个恶化的参数将被改善。

⑪ 查找冲突矩阵表，得到冲突矩阵所推荐的发明创新原理编号。

⑫ 按照编号查找发明创新原理汇总表，得到发明创新原理的名称。

⑬ 按照发明创新原理的名称，查找对应的40个发明创新原理的详解。

⑭ 将所推荐的发明创新原理逐个应用到具体问题上，探讨每个原理在具体问题上如何应用和实现。

⑮ 如果所查找到的发明创新原理都不适用于具体问题，需要重新定义工程参数和冲突，再次查找冲突矩阵。

⑯ 筛选出最理想的解决方案，进入产品方案设计阶段。

需要注意事项如下：

① 对于某一对确定的技术冲突来说，冲突矩阵所推荐的发明原理只是指出了最有希望解决这种技术冲突的思考方向，而这些思考方向是基于对大量高级别专利进行概率统计分析的结果。因此，对于实际工作中所遇到的某对具体的技术冲突来说，并不是每一个被推荐的发明原理都一定能解决该技术冲突。

② 对于复杂问题来说，如果使用了某个发明原理，而该发明原理又引起了另一个新问题的时候（副作用），不要马上放弃这个发明原理。可以先解决现有问题，然后将这种副作用作为一个新问题想办法加以解决。

③ 冲突矩阵是不对称的。

二维码15　技术冲突工程案例

【例5-1】 坦克装甲的改进。

在第一次世界大战中，英军为了突破敌方由机枪火力点、堑壕、铁丝网组成的防御阵地，迫切需要一种将火力、机动、防护三个方面结合起来的新型进攻性武器。1915年，英国利用已有的内燃机技术、履带技术、武器技术和装甲技术，制造出了世界上第一辆坦克——"小游民"坦克（图5-2）。当时为了保密，称其为"水箱"。

图5-2 "小游民"坦克

在以后的战争中，随着坦克与反坦克武器之间较量的不断升级，坦克的装甲越做越厚。随着坦克装甲厚度的不断增加，坦克的战斗全重也由最初的7t多迅速增加到将近70t。重量的增加直接导致了速度、机动性和耗油量等一系列问题的出现。

首先，将坦克作为一个技术系统，其由以下几部分组成：武器系统、推进系统、防护系统、通信系统、电气设备、特种设备和装置。然后，找出问题的根源。为了增加坦克的抗打击能力，最直接的方法就是增加坦克的装甲厚度，这导致了坦克重量的增加，从而导致了坦克机动性的降低和耗油量的增加等一系列问题。

通过问题根源确定需要改善的参数，用自然语言描述为了改善（提高）坦克的抗打击能力，就改善（增加）坦克的装甲厚度，直接导致了坦克战斗全重的恶化（增加），间接导致了坦克机动性的恶化（降低）和坦克耗油量的恶化（增加）。所以，要改善的参数是坦克的抗打击能力。对应到39个通用工程参数中，最合适的是强度。由于改善了强度这个参数，直接导致了装甲厚度的增加，从而引起了坦克战斗全重的增加。所以，恶化的参数就是坦克的战斗全重，对应到39个通用工程参数中，最合适的是运动对象的重量。

现得到了改善的参数——强度，被恶化的参数——运动对象的重量。从而可以定义出以下技术冲突：当改善技术系统的参数"强度"的时候，导致了技术系统另一个参数"运动对象的重量"的恶化。可以将这个技术冲突表示为：

强度↑→运动对象的重量↓

当然，也可以将装甲厚度、机动性或耗油量作为恶化的参数。在本例中，只是选择了坦克的重量这个参数而已。选择不同的恶化参数，会得到不同的技术冲突。

定义了技术冲突以后，就可以使用冲突矩阵来寻找解决问题的思考方向了。在表5-3左第一列中找到改善的参数——强度；在表上第一行中，找到恶化的参数——运动对象的重量。从强度向左，从运动对象的重量向下分别作两条射线，在这两条射线的交叉点所在的单元格中，得到四个序号：①、⑧、㊵、⑮。

表5-3　冲突矩阵（局部）

改善的参数＼恶化的参数	运动对象的重量	静止对象的重量	运动对象的长度	静止对象的长度	运动对象的面积	静止对象的面积
运动对象的重量		—	⑮，⑧，㉙，㉞	—	㉙，⑰，㊳，㉞	—
静止对象的重量	—		—	⑩，①，㉙，㉟	—	㉟，㉚，⑬，②
运动对象的长度	⑧，⑮，㉙，㉞	—		—	⑮，⑰，④	—
静止对象的长度	—	㉟，㉘，㊵，㉙	—		—	⑰，⑦，⑩，㊵
运动对象的面积	②，⑰，㉙，④	—	⑭，⑮，⑱，④	—		—
静止对象的面积	—	㉚，②，⑭，⑱	—	㉖，⑦，⑨，㉚	—	
运动对象的体积	②，㉖，㉙，㊵	—	①，⑦，④，㉟	—	①，⑦，④，⑰	
静止对象的体积	—	㉟，⑩，⑲，⑭	⑲，⑭	㉟，⑧，②，⑭	—	—
速度	②，㉘，⑬，㊳	—	⑬，⑭，⑧	—	㉙，㉚，㉞	—
力	⑧，①，㊲，⑱	⑱，⑬，①，㉘	⑰，⑲，⑨，㊱	㉘，⑩	⑲，⑩，⑮	①，⑱，㊱，㊲
应力或压力	⑩，㊱，㊲，㊵	⑬，㉙，⑩，⑱	㉟，⑩，㊱	㉟，①，⑭，⑯	⑩，⑮，㊱，㉘	⑩，⑮，㊱，㊲
形状	⑧，⑩，㉙，㊵	⑮，⑩，㉖，③	㉙，㉞，⑤，④	⑬，⑭，⑩，⑦	⑤，㉞，④，⑩	—
对象的稳定性	㉑，㉟，②，㊳	㉖，㊳，①，㊵	⑬，⑮，①，㉘	㊲	②，⑪，⑬	㊳
强度	①，⑧，㊵，⑮	㊵，㉖，㉗，①	①，⑮，⑧，㉟	⑮，⑭，㉘，㉖	③，㉞，㊵，㉙	⑨，㊵，㉘
运动对象的作用时间	⑲，⑤，㉞，㉛	—	②，⑲，⑨	—	③，⑰，⑲	—
静止对象的作用时间	—	⑥，㉗，⑲，⑯	—	①，㊵，㉟	—	—

下面，看看从冲突矩阵中得到的每个发明原理以及每个发明原理中的指导原则。

原理①：分割。

① 将一个对象分成多个相互独立的部分。

② 将对象分成容易组装（或组合）和拆卸的部分。

③ 增加对象的分割程度。

应用指导原则①，意味着将装甲分为多个不同的相互独立的部分；应用指导原则②，意味着将装甲分割为多个容易组装和拆卸的部分；应用指导原则③，意味着增加装甲的可分性，将装甲分割为更多的相互独立的部分，可以是成千上万份，甚至上百万份。

原理⑧：重量补偿。

① 将某对象与另一个能提供上升力的对象组合，以补偿其重量。

② 通过与环境的相互作用（利用空气动力、流体动力等）实现对象的重量补偿。

应用指导原则①，意味着将某种能够提供上升力的对象与坦克或装甲组合起来，利用该对象提供的上升力来补偿坦克装甲的重量；应用指导原则②，意味着通过改变坦克的结构，从而使坦克能够利用环境中的物质来获得上升力，即能够自己产生上升力的坦克。但当前问题是解决陆战坦克的重量问题，不允许这样做，所以这一原理不适用。但是，在水陆两用坦克上，本原理得到了广泛的应用。

例如，第二次世界大战中，日本的卡米Ⅱ式水陆两用坦克（图5-3）利用浮箱产生浮力，以补偿坦克的重量。

(a) 卸掉前、后浮箱   (b) 在水上行驶时

图5-3   卡米Ⅱ式水陆两用坦克

但在诺曼底登陆以后，水陆两栖坦克开始在武器装备序列中占有重要地位。二战结束后，水陆两栖坦克更是开始了快速发展的步伐。图5-4为现代水陆两栖坦克。

图5-4   现代水陆两栖坦克

原理⑩：复合材料。

用复合材料代替均质材料。应用该原理意味着用复合材料代替先前的均质材料。不同的复合材料可以具有不同的特性，很多复合材料可以同时满足高强度和低密度的要求。

原理⑮：动态化。

① 调整对象或对象所处的环境，使对象在各动作、各阶段的性能达到最佳状态。

② 将对象分割为多个部分，使其各部分可以改变相对位置。

③ 使不动的对象可动或可自动适应。

应用指导原则①，意味着调整坦克、装甲或作战环境的性能，使坦克在工作的各个阶段达到最优的状态；应用指导原则②，意味着将装甲分割为多个可以改变相对位置的部分；应用指导原则③，意味着让原本"静止"的装甲变得"可动"或可以根据环境的变化自动调整自己的状态。

结论：

将原理①的指导原则②、原理⑩的指导原则和原理⑮的指导原则②结合起来，可以得到一个成功的解决方案。用复合材料来制造一块一块的、容易组装和拆卸的、可以动态配置的装甲板，按照需要动态地配置于坦克车体的各个部位，这也正是在第二次世界大战后坦克装甲发展的方向。

5.3 冲突矩阵在建筑行业的应用实例

TRIZ 的技术冲突理论是由研究人员对不同领域的已有创新成果进行分析、总结得到的普遍意义的规律，这些规律对指导不同专业的产品创新有重要的参考价值。下边重点介绍一下技术冲突在建筑行业中的案例。

二维码16 技术冲突建筑工程案例

【例5-2】 呆扳手的创新设计。

使用开口扳手拧开六角螺栓时，扳手受力集中在螺栓的两条棱边，棱边容易发生变形而造成扳手打滑，如图5-5所示。

呆扳手已有多年的生产及应用历史，在产品进化曲线上应该处于成熟期或退出期，但对于传统产品很少有人去考虑设计中的不足并且改进设计。按照TRIZ理论，处于成熟期或退出期的改进设计，必须发现并解决深层次的冲突，提出

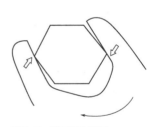

图5-5 扳手受力情况

更合理的设计概念。目前的呆扳手容易损坏螺母、螺栓的棱边，新的设计必须克服以前设计的缺点。下面应用冲突矩阵解决该问题。

（1）确定工程参数 现在的主要问题是：扳手受力集中在螺栓的两条棱边，棱边容易发生变形而造成扳手打滑，这是欲改善的特性。对应到通用工程参数中选择"㉛对象产生的有害因素"，以此作为改善的参数。为避免打滑，扳手需要做到合适的开口尺寸，在确保可卡入螺栓头的前提下，扳手开口与螺栓头之间的间隙尽可能小。因此，在扳手制造过程中，对开口尺寸需要进行严格的控制，以保证尺寸精度，这就是被恶化的特性。对应到通用工程参数中选择"㉙制造精度"，作为被恶化的参数。

（2）查找冲突矩阵 欲改善的参数：㉛对象产生的有害因素。被恶化的参数：㉙制造精度。从矩阵表查找㉛和㉙对应的方格，得到推荐的发明创新原理编号分别是：④，⑰，㉞，㉖。这 4 个发明创新原理是：④非对称性原理；⑰维数变化原理；㉞抛弃与修复原理；㉖复制原理。

（3）发明创新原理的分析 ④非对称性原理：可能的设计是，扳手的开口可以设计成不对称的，此方案对问题的彻底解决贡献有限。

⑰ 维数变化原理：从点—线—面—体、单—双—多的进化路径看，增大扳手开口的接触面积对问题的彻底解决贡献最大。

㉞ 抛弃与修复原理：此方案对问题的彻底解决无贡献。

㉖ 复制原理：此方案对问题的彻底解决无贡献。

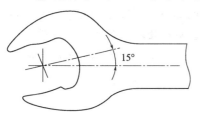

图5-6　新型呆扳手

（4）发明创新原理的应用　综合以上4条发明创新原理的分析，维数变化是最具有价值的发明创新原理，其次是非对称性原理。美国某发明专利正是基于发明创新原理⑰进行了扳手结构的改进，改变传统扳手上、下钳夹的两个直线平面的形状，使其成为曲面，增大扳手与螺栓头的接触面积，如图5-6所示。使用扳手时，螺栓六角形表面与扳手上、下钳夹上的突起相接触，扳手可以将力作用于螺栓上，而六角形螺栓的棱正好位于扳手的凹槽中，因而不会有力作用于其上，从而解决了开口扳手存在的问题。

【例5-3】　在工程设计中经常会遇到这样的难题，为加快施工速度，设计中需要将混凝土柱截面减小，但这样混凝土柱的承载力将会降低，造成混凝土上的箱梁跨度减小，从而导致混凝土柱的数量增多。如何在减小混凝土柱截面积的同时加大箱梁跨度？

（1）确定工程参数　改善参数为柱截面积（⑥静止对象的面积）；恶化参数为箱梁的跨度（④静止对象的长度）。

（2）查找冲突矩阵　得到推荐的发明创新原理编号共4个：㉖复制原理；⑦套装原理；⑨预先反作用原理；㊴惰性环境原理。

（3）发明创新原理的分析　㉖复制原理：将箱梁与混凝土柱的节点部分增大，复制4根截面小的混凝土柱共同承担箱梁的荷载。

⑦ 套装原理：用钢管套装在混凝土外，形成钢管混凝土柱，这个原理对混凝土柱的承载力提高贡献很大。混凝土柱在外包钢管的作用下，形成三向受压混凝土柱，抗压强度大幅度提高，同时混凝土柱的塑性和韧性也大为改善，避免或延缓钢管发生局部屈曲。钢管为混凝土柱提供了模板作用，在施工中支撑上部荷载，在混凝土柱养护时间未达到强度要求时就可以进行上部施工，缩短了建设工期，节省了建造成本。

⑨ 预先反作用原理：此方案对问题的彻底解决无贡献。

㊴ 惰性环境原理：此方案对问题的彻底解决无贡献。

（4）发明创新原理的应用　综合以上4个发明创新原理的分析，形成了钢管混凝土柱支撑箱梁的设计方案，如图5-7所示。

【例5-4】　钢管混凝土柱具有显著优点，但在使用中遇到潮湿环境，混凝土柱外包钢管会发生锈蚀，需要频繁维修，造成维修工作频繁。应如何提高钢管混凝土柱在潮湿环境中适用性能的同时又不增加维修工作量？

（1）确定工程参数　改善参数为增加钢管混凝土柱在水中适用性（㉟适应性）；恶化参数为维修工作增加（㉞可维修性）。

图5-7　钢管混凝土柱

（2）查找冲突矩阵　得到推荐的发明创新原理编号共4个：①分割原理；⑯ 未达到或超过作用原理；⑦套装原理；④非对称原理。

（3）发明创新原理分析　①分割原理：此方案对问题的彻底解决无贡献。

⑯ 未达到或超过作用原理：对钢管外部防水功能加强处理。

⑦ 套装原理：采用在钢管混凝土柱外再包混凝土的方式，形成钢管混凝土叠合柱结构。钢管外混凝土提高了钢管的防火和防水能力，进一步防止钢管发生屈曲。同时，钢管混凝土叠合柱中，钢管内外混凝土施工顺序不同，可以形成更加合理的轴压力分配，充分利用管外、管内混凝土的不同性质，提高柱的抗震性能。

④ 非对称原理：此方案对问题的彻底解决无贡献。

【例5-5】　国家体育场是第29届奥运会的主体育场，是目前世界上难度最大的体育建筑之一，其造型独特，构件尺寸巨大。屋盖尺寸为332.3m×297.3m×68.5m，中间开洞尺寸为185.3m×127.5m，如图5-8所示。屋盖支撑在24根桁架柱上，柱距为37.96m，如图5-9所示。

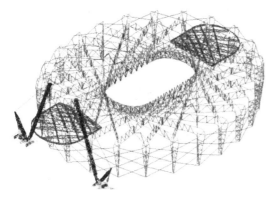

图5-8　国家体育场结构图

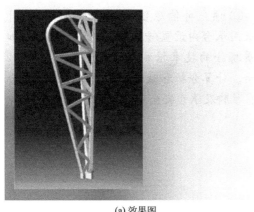

(a) 效果图

(b) 实物图

图5-9　桁架柱

桁架柱在节点处转换形成巨型柱脚，最大尺寸达到5.2m×4.5m，如图5-10所示，巨型柱脚深入基础，为实现可靠锚固构建了巨型承台，最大尺寸达到26m×14m×6m，如图5-11所示。

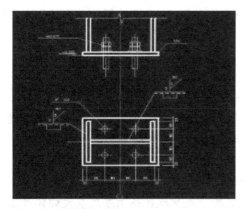

图5-10   巨型柱脚节点

图5-11   巨型承台

　　该节点能否实现可靠锚固,将影响到整个体育馆结构的安全性,为了提高该结构的稳定性,传统做法是加大柱脚埋入承台深度,但这样会加大承台尺寸,提高建造成本,降低施工速度。

　　(1)确定工程参数　改善参数为结构的安全可靠性(㉗可靠性);恶化参数为柱脚埋入承台深度及承台尺寸(④静止对象的长度)。

　　(2)查找冲突矩阵　得到推荐的发明创新原理编号共4个:⑮动态化原理;㉙气动与液压结构原理;㉘机械系统的替代原理;⑪预先补偿原理。

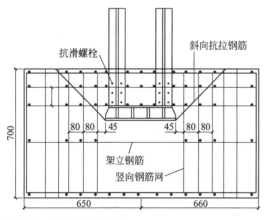

图5-12   柱脚锚固设计方案

　　(3)发明创新原理的分析　⑮动态原理:此方案对问题的彻底解决无贡献。

　　㉙气动与液压结构原理:此方案对问题的彻底解决无贡献。

　　㉘机械系统的替代原理:此方案对问题的彻底解决无贡献。

　　⑪预先补偿原理:根据该原理,设计中采用承台内设置斜向抗拉钢筋,同时增加抗滑螺栓的技术措施。设计方案如图5-12所示。计算分析和试验表明,该设计方案合理,柱脚及承台安全可靠,经济性良好。

习题

1.为什么要定义39个工程参数?

2.什么是技术冲突?请举例说明。

3.什么是物理冲突?有什么特点?

4.请叙述技术冲突的解决步骤。

5.简述冲突矩阵表的作用,并通过实例说明其使用方法。

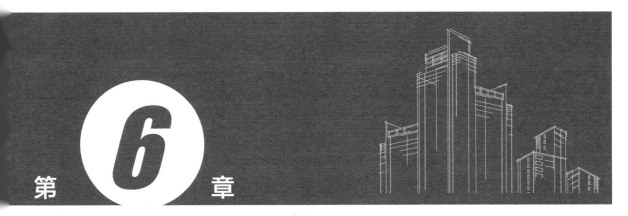

第6章

物理冲突与分离原理

6.1 物理冲突及解决方法

6.1.1 物理冲突

  TRIZ 理论中，当系统要求一个参数同时向相反的两个方向变化时，就构成了物理冲突。如系统要求温度既要升高，也要降低；质量既要增大，也要减小；缝隙既要窄，也要宽等。这种冲突的说法看起来也许会觉得很难实现，但事实上在很多工作中都存在这样的冲突。

二维码17 物理冲突定义

  工程中的实例如下：

  ① 侦察机应飞行得很快，以便尽快离开被侦察的地区，但在被侦察地区上空又应飞行得很慢，以便多收集数据。

  ②飞机的机翼应有大的面积以便起飞与降落，但又要较小以便高速飞行。

  ③ 飞机发动机罩既应该加大直径，以便吸入更多的空气，又应该减小直径，以增加该罩与地面的距离。

  ④ 软件应容易使用，但又应有多项选择以便能处理复杂的事物。

  生活中的实例如下：

  ① 茶水应尽可能热，以保持其味道，但又不能太热，以防止烫伤饮用者。

  ② 钢笔的笔尖应该很细，以便画出细线，但细笔尖易划破纸。

  ③ 汽车的安全气囊应该安装以保护司机与乘客，但又不应该安装，因为目前的设计有时不能保护身材矮的司机及乘客。

  在建筑行业中的实例如下：

  在建筑的抗震设计中，建筑物的刚度既要求大又要求小。建筑物的整体刚度是建筑物的一个重要特征，整体刚度越大，建筑物抗震能力越强，但在地震中遭受的地震作用也越大。当地震级别较低时，要求建筑物的刚度设计得足够大，具有良好的抗震性能，不发生破坏。当地震级别较高时，允许建筑物发生破坏，但不能发生倒塌。这时就要求建筑物的刚度越小越好，建筑物虽然发生破坏，但不会发生倒塌。这是建筑物刚度设计的物理冲突。

物理冲突一般来说有两种表现：

① 系统中有害性能降低的同时导致该子系统中有用性能的降低。

② 系统中有用性能增强的同时导致该子系统中有害性能的增强。常见的物理冲突如表6-1所示。

表6-1　常见的物理冲突

类别	物理矛盾							
几何类	长与短	对称与非对称	平行与交叉	厚与薄	圆与非圆	锋利与钝	窄与宽	水平与垂直
材料及能量类	多与少	密度大与小	导热率高与低	温度高与低	时间长与短	黏度高与低	功率大与小	摩擦力大与小
功能类	喷射与堵塞	推与拉	冷与热	快与慢	运动与静止	强与弱	软与硬	成本高与低

相对于技术冲突，物理冲突是尖锐的冲突，但设计中如果能确定，则较容易解决。物理冲突可在对问题的详细分析及深刻理解的基础上确定，也可通过对已有技术冲突的进一步分析来确定。

二维码18　如何解决物理冲突

6.1.2　技术冲突与物理冲突的关系

技术冲突和物理冲突是有相互联系的，见图6-1。例如，为了提高子系统 Y 的效率，需要对子系统 Y 加热，但是加热会导致其邻近子系统 X 的降解，这是一对技术冲突。同样，这样的问题可以用物理冲突来描述，即温度要高又要低。高的温度提高 Y 的效率，但是恶化 X 的质量；而低的温度不会提高 Y 的效率，也不会恶化 X 的质量。所以技术冲突与物理冲突之间是可以转化的。在很多时候，技术冲突是更显而易见的冲突，而物理冲突是隐藏的更深入、更尖锐的冲突。

图6-1　技术冲突与物理冲突的关系

技术冲突与物理冲突的区别是：

① 技术冲突是存在于两个参数（特性、功能）之间的冲突，物理冲突是针对一个参数（特性、功能）的冲突。

② 技术冲突涉及的是整个技术系统的特性，物理冲突涉及的是系统中某个元素的某个特征的物理特性。

③ 物理冲突比技术冲突更能体现问题的本质。

对于同一个技术问题来说，技术冲突和物理冲突是从不同的角度、在不同的深度上对同一个问题的不同表述。相对于技术冲突，物理冲突是尖锐的冲突。

例如，波音公司改进737飞机设计过程中出现的一个技术冲突：既希望发动机吸入更多的空气以提高燃料的利用率（A），但又不希望发动机罩与地面的距离减小以保证飞机的安全性（B）。现将该技术冲突转变为物理冲突：发动机罩的直径（C）应该加大，以吸入更多的空气，但机罩直径（C）又不能加大，以避免减小路面与机罩之间的距离。

6.1.3　物理冲突的11种分离方法

物理矛盾的解决方法一直是TRIZ研究的重点，其核心思想是实现矛盾双方的分离。为此，阿奇舒勒总结出了11种分离方法。

（1）相反需求的空间分离　从空间上进行系统或子系统的分离，以在不同的空间实现相反的需求。

比如，矿井中，喷洒弥散的小水滴去除空气中粉尘的常用方法，但是小水滴会产生水雾，影响可见度。为解决这个问题，可使用大水滴锥形环绕小水滴的喷洒方式。

（2）相反需求的时间分离　从时间上进行系统或子系统的分离，以在不同的时间段实现相反的需求。比如，根据焊接缝隙宽窄的变化，调整焊接电极的波形带宽，这样电极的波形带宽随时间变化，可获得最佳的焊接效果。

（3）系统转换（I_a）　指将同类或异类系统与超系统结合。

比如，在多地震地区，用电缆将各建筑物连接起来，通过各建筑物的自由摆动对地震进行监测分析与预报。

（4）系统转换（I_b）　指从一个系统转变到相反的系统，或将系统和相反的系统进行组合。

比如，现浇混凝土模板内表面涂刷脱模剂，或在模板内表面喷雾型脱模剂，脱模剂与水不相溶，保证混凝土脱模后平整光滑，手感细腻，光泽度高。

（5）系统转换（I_c）　指整个系统具有特性"F"，同时，其零件具有相反的特性"-F"。

比如，挖掘机的履带由履带板和履带销等组成，履带销将各履带板连接起来构成履带链环，履带板是刚性的，多个履带销连接组成的整个履带却具有柔性。

（6）系统转换2　指将系统转变到继续工作的微观级系统。

比如，在用于分离液体的设备中，有一个膜状结构，在电场的作用下，这种膜只允许特定的液体通过。

（7）相变1　指改变一个系统的部分相态或改变其环境。

比如，氧气以液体形式进行储存运输保管，以节省空间，使用时则转化为气态。

（8）相变2　指改变动态系统的部分相态（依据工作条件来改变相态）。

比如，热交换器包含镍钛合金箔片，在温度升高时，交换镍钛合金箔片位置，以增加冷却区域。

（9）相变3　指联合利用相变时的现象。

例如，为增加铸造金属模型内部的压力，事先在模型中填充一种物质，这种物质一旦接触到液态金属就会气化。

（10）相变4　指以双相态的物质代替单相态的物质。例如抛光液由含有铁磁研磨颗粒的液态石墨组成。

（11）物理 – 化学转换　指物质的创造、消灭是作为合成、分解、离子化再结合的一个结果。

比如，热导管的液体在管中受热区蒸发并产生化学分解。然后，化学成分在受冷区重新结合恢复到工作液体。

二维码19　空间分离与发明原理之间的关系

6.1.4　解决物理冲突的分离原理

在实际工作中，很难记住这11个分离原理。为了让使用者能更方便地利用分离的思想进行思考，现代TRIZ在总结解决物理矛盾的各种方法的基础上，将11个分离原理概括为四种分离方法，即时间分离、空间分离、条件分离、整体与部分分离，如表6-2所示。这四种方法的核心思想是完全相同的，都是为了将针对同一个对象（系统、参数、特性、功能等）的相互冲突的需求分离开，从而使冲突的双方都得到完全的满足。它们之间不同之处在于不同的分离方法选择了不同的方向来分离冲突的双方。例如，时间分离所选择的求解方向就是在时间上将矛盾双方互斥的需求分离开。

二维码20　时间分离与发　　二维码21　条件分离与发
明原理之间的关系　　　　明原理之间的关系

表6-2　分离原理

分离原理	释义
空间分离	将冲突双方在不同的空间分离，以降低解决问题的难度。当系统冲突双方在某一空间出现一方时，空间分离是可能的
时间分离	将冲突双方在不同的时间分离，以降低解决问题的难度。当系统冲突双方在某一空间只出现一方时，时间分离是可能的
条件分离	将冲突双方在不同的条件下分离，以降低解决问题的难度。当系统冲突双方在某一条件下只出现一方时，条件分离是可能的
整体与部分分离	将冲突双方在不同的层次上分离，以降低解决问题的难度。当系统冲突双方在系统层次上只出现一方时，整体与部分分离是可能的

【例6-1】　自行车采用链轮与链条传动是一个采用了分离原理的典型例子。存在的物理冲突为：骑车人既要快蹬脚蹬，以提高速度，又要慢蹬以感觉舒适省力。自行车链条、链轮及飞轮的发明很好地解决了此物理矛盾。

解决物理冲突的方法：

（1）运用时间分离的原理：当蹬踏脚蹬时，链轮可以带动飞轮一起转动；不蹬踏脚蹬时，链轮和飞轮可以停止，甚至可以倒转，但是自行车借助前面脚踏脚蹬时所获得的运动惯性，仍然保持行进状态。因此，可蹬和可不蹬，形成了时间上的分离。

（2）运用空间分离的原理：把脚蹬和链轮安装在前后两轮中间的位置，以脚蹬带动链轮，通过链条把链轮的运动传给了飞轮，飞轮驱动自行车后轮前行。

（3）运用条件分离的原理：由于链轮直径大于飞轮，当链轮以较慢的速度旋转时，可以带动飞轮以较快的速度旋转。因此，骑车人可以较慢的速度蹬踏脚蹬，自行车后轮将以较快的速度前行。因此，可快蹬、可慢蹬甚至不蹬，形成了条件上的分离。

（4）运用整体与部分分离的原理：在空间上把脚蹬与前车轮分开，设计出了与脚蹬连接一体的链轮。

6.2 分离原理在建筑行业中的应用

物理冲突的核心是指对一个物体或系统中的一个子系统有相反的、矛盾的需求。物理冲突在建筑行业中的案例很多。

二维码22　物理冲突在建筑工业的应用

6.2.1 空间分离的应用

将冲突双方在不同的空间分离，以降低解决问题的难度。当系统冲突双方在某一空间出现一方时，空间分离是可能的。

【例6-2】 带竖缝剪力墙。

高层建筑设计中，普遍采用增加剪力墙的方式提高建筑的整体刚度，发生小地震时，建筑不发生破坏。但在发生大地震时，设计师希望建筑物的整体刚度变小，具有足够的柔性而不发生倒塌。在建筑的抗震过程中，建筑物的刚度既要求大又要求小。怎样解决这个冲突呢？

带竖缝剪力墙如图6-2所示。该结构在整体墙上设置若干条平行的竖向通缝，缝中的钢筋被截断并且不填充混凝土和任何其他材料。这种开通缝剪力墙改变了整体剪力墙的受力性能和机理，使剪力墙由原来的墙板以受剪切为主转变成各墙肢以受弯为主，其破坏特征也转变为延性较好的弯曲破坏，从而大大地提高了剪力墙的延性。

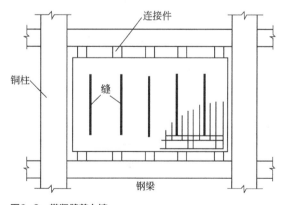

图6-2　带竖缝剪力墙

国内外许多的研究者对开通缝剪力墙做了大量的试验研究，对混凝土强度、开缝的长度、缝间距、配筋率等主要因素进行了深入详细的分析，给出了开通缝剪力墙受力性能得以发挥的必要条件，即要求墙板的弯曲极限承载力不能超过其抗剪承载力，以保证破坏形式为具有良好延性的墙肢弯曲破坏。

【例6-3】 分体柱技术。

由于短柱的抗弯承载力比抗剪承载力要大得多，在地震作用下往往发生剪切破坏而失效，其抗弯强度不能完全发挥，如图6-3所示。

图6-3 短柱剪切破坏

天津大学李忠玉教授提出的分体柱技术解决了这一难题。分体柱技术是在柱中沿竖向设缝，将短柱分为2或4个柱肢组成的分体柱，分体柱的各柱肢分开配筋，如图6-4所示。分体柱技术使抗弯强度相应或略低于抗剪强度，在地震作用下，柱子将首先达到抗弯强度，破坏形态由剪切型转化为弯曲型，从而有效地实现了短柱变长柱的设想，有效地改善了短柱的抗震性能。

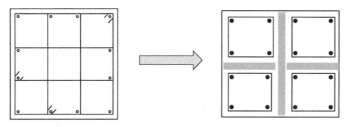

图6-4 分体柱配筋

该技术在建筑结构工程中已得到应用，如上海市东海商业中心就采用分体柱技术，如图6-5所示。该技术缩短了设计周期，节省了重新设计的费用（重新设计需增加费用约20万元），节约了1层地下建筑的投资，增加了1层地下车库面积，取得了显著的经济效益和社会效益。

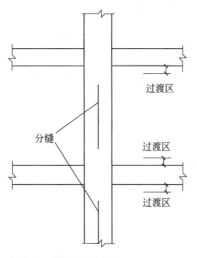

图6-5 分体柱技术应用

【例6-4】 带横缝深梁技术。

在建筑工程中，深梁的抗弯能力高于抗剪能力，容易抗剪破坏，抗震能力较差。由于建筑外形要求，设计中经常会出现深梁（图6-6），需要提高深梁的抗剪能力，增加抗震性能。

带横缝深梁技术是在横梁中沿横向设缝，将深梁分为两个梁肢组成的分体梁，如图6-7所示。两个梁分开配筋，使抗弯强度相应或略低于抗剪强度。在地震作用下，梁将首先达到抗弯强度，破坏形态由剪切型转化为弯曲型，实现了深梁变普通梁的设想，有效地改善了深梁的抗震性能。

图6-6　基础间的深梁

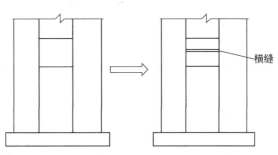

图6-7　带横缝深梁的技术应用

6.2.2　时间分离的应用

将冲突双方在不同的时间分离，以降低解决问题的难度。当系统冲突双方在某一空间只出现一方时，时间分离是可能的。

【例6-5】 怎样检测建筑物基础底部的土壤性能？图6-8为建筑物基础的简图，要求检查图中基座下部土壤的地质性能。

首先，构想理想解。要想从建筑物外部到达基础底部，应该有这样一种理想装置：该装置能垂直插入土壤，并达到要求的深度，然后在土壤中转向，进行水平运动。为了解决更多的工程问题，这种理想装置可以多次转向，转向后能再次沿垂直方向或按任意方向运动。

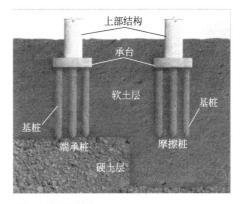

图6-8 建筑物基础

工程应用实例1：利用上述原理和机械装置解决的问题可以测量土壤的渗透性。测量土壤的渗透性需要探测土壤中的两个水位面，能否只通过一次垂直钻探就完成两个水位面的测定呢？这是工程界长期以来想解决的问题。图6-9阐述了一种解决方案：在不同深度插入两个测量仪器，一个在上，一个在下。

工程应用实例2：利用上述原理和机械装置解决的问题可以进行地基加固。苏联工程师曾利用插入装置形成了成熟的钢筋混凝土加固技术，将钢筋线性排列插入地基并锚固在土壤中。插入装置取出时旋转纺锤转头，盘绕钢筋并将它们连接在一起，最后沿钢筋灌注混凝土，如图6-10所示。

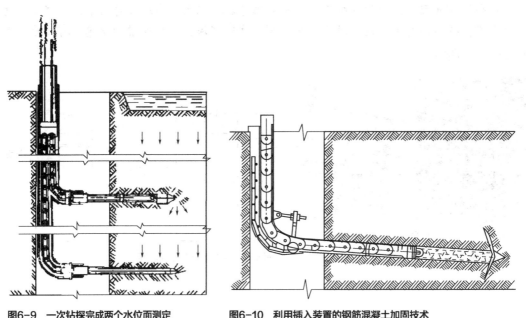

图6-9 一次钻探完成两个水位面测定　　图6-10 利用插入装置的钢筋混凝土加固技术

工程应用实例3：还有工程利用该装置对建筑底部的基地进行曲线加固，如图6-11所示。这种方法使结构下部地基改建的方式更加多样化，如图6-12所示。

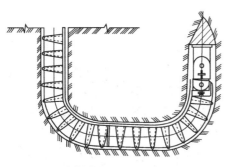
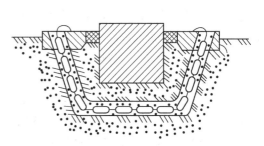

图6-11 基地曲线加固　　图6-12 地基改造

工程应用实例4：当在工业建筑中安装大型设备时，地基的载荷分布将会改变，需要对地基进行加固。工程师曾设计了一种可控地基：在地基上设置可挖加固系统，随着生产需要，按照加固线加固地基以适应新的载荷，如图6-13所示。

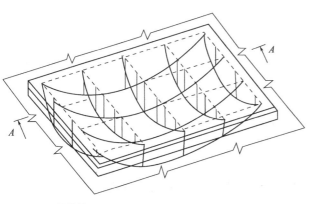

图6-13 可控地基

6.2.3 条件分离

将冲突双方在不同的条件下分离，以降低解决问题的难度。当系统冲突双方在某一条件下只出现一方时，条件分离是可能的。

【例6-6】 带通缝剪力墙。

前述提到，带通缝剪力墙虽然改善了剪力墙的抗震性能，但这种延性是以牺牲结构的初始刚度和承载力来获得的。具体而言，通常其承载力减少到原来的65%，其刚度就会减少到原来的60%。刚度减少有利于大地震时不发生倒塌，但在小地震时抗震能力也受到了削弱。

能否找到一种设计方案，在小地震中刚度不改变，大地震时刚度减弱呢？应用条件分离原理对带通缝剪力墙进行改进，可得到一系列设计方案。

带通缝剪力墙的改进1：带缝槽剪力墙

东南大学的夏晓东在带通缝剪力墙的基础上，提出了带缝槽剪力墙。该结构在剪力墙上设置若干条竖向半通缝，中间的钢筋不截断，外留混凝土，只是缝槽处混凝土的厚度为墙体厚度的一半，如图6-14所示。

通过对这种墙以及整体墙和通缝墙的对比研究发现：带缝槽剪力墙兼有整体墙和通缝墙的优点。当外荷载较小时，它以整体墙的形式工作，初始刚度与整体墙接近；而当外荷载较大时，缝槽处混凝土首先开裂并错动，使墙体转变成由若干墙板柱组成的结构，

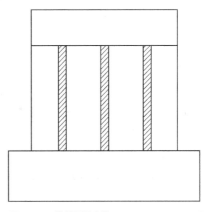

图6-14 带缝槽剪力墙

这时墙体的刚度开始明显降低，但延性与整体墙接近。由于缝槽处混凝土开裂后相互错动以及钢筋的咬合作用，可消耗一定的能量。这种缝槽墙的最大承载力约为整体墙的90%以上，而当顶点位移达到最大承载力对应侧移的2倍时，仍然能够承担85%的最大荷载。

由于这种剪力墙缝中有一定厚度的混凝土填充，试件在一定范围内显示出整体性，墙肢的剪切斜裂缝较多，在后期承载阶段缝槽并没有显著退出工作。

带通缝剪力墙的改进2：双功能带缝剪力墙

清华大学的叶烈平教授提出了双功能带缝剪力墙的概念。所谓的双功能带缝剪力墙，就是通过在钢筋混凝土带缝剪力墙中设置连接键作为控制元件，使剪力墙在正常使用荷载下表现出一定的整体工作性能，具有较大的刚度和承载力，而在强震作用下，连接键破坏而退出工作，转变成带缝剪力墙，使剪力墙刚度降低，减少地震输入，同时改变剪力墙的破坏形态，使其具有良好的延性。在中震作用下，墙体破坏主要集中在连接键，便于震后修复，如图6-15所示。

带通缝剪力墙的改进3：缝内设置耗能材料剪力墙

从结构材料角度出发，有学者提出了在通缝墙的缝中填充不同的耗能材料的控制方法，如铅块、沥青、橡胶等。其中，同济大学的吕西林教授提出用橡胶填充开缝墙中的竖缝，以橡胶与混凝土界面之间的摩擦以及黏弹性材料橡胶的变形来耗能。试验表明这种剪力墙的耗能效果较好，在动力作用下不容易损坏，试验后竖缝间的橡胶仍然保持了原样，如图6-16所示。

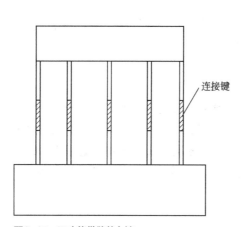

图6-15 双功能带缝剪力墙

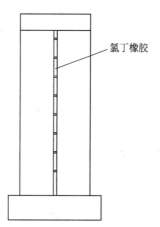

图6-16 缝内设计耗能材料剪力墙

带通缝剪力墙的改进4：采用摩阻式控制装置的带缝剪力墙

东南大学的李爱群提出了一种采用摩阻式控制装置的带缝剪力墙。该剪力墙在竖缝中用一种摩阻耗能的结构作为控制装置，其中摩阻器以高强螺栓作为施加预应力的手段，通过两层钢夹板在地震作用下的往复错动来耗散地震能量，而在钢板间可以填充或不填充摩阻材料，如图6-17所示。

带通缝剪力墙的改进5：带阶梯状水平半通缝剪力墙

东南大学的戴航提出了带水平短缝槽形成X形削弱的低剪力墙，即在墙板沿对角方向开设多条阶梯状水平半通缝的剪力墙。通过设置水平阶梯状缝改变整体墙的脆性破坏。由于水平缝起到了引导裂缝走向的作用，因而该墙在破坏时不会出现剪切斜裂缝迅速扩展的现象，可以经历较大的变形阶段。在高应力下，剪力墙中的塑性区域将分散在各水平半通缝周围，而不会集中在主斜裂缝的周围，可充分发挥墙板的塑性耗能能力。合理地布置水平缝可以使这种墙的承载力达到整体墙的90%左右，而延性则会提高2倍多，如图6-18所示。

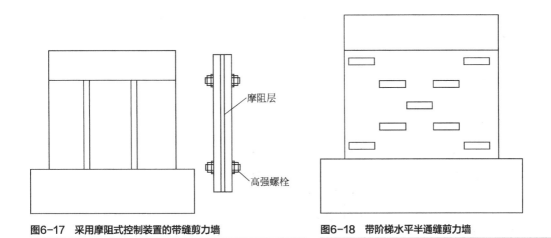

图6-17 采用摩阻式控制装置的带缝剪力墙　　　　图6-18 带阶梯水平半通缝剪力墙

6.2.4 整体与部分分离

将冲突双方在不同的层次上分离，以降低解决问题的难度。当系统冲突双方在系统层次上只出现一方时，整体与部分分离是可能的。下面通过高层悬挂结构的问题对该分离原理应用分析。

【例6-7】 高层悬挂结构。

高层悬挂结构具有明确的传力路线：绝大部分的荷载首先通过吊杆的拉力作用传递到主体承力结构，然后再传到基础。这样使柱子由传统的受压状态转变为受拉状态，彻底解决了柱子失稳问题。吊杆采用高强材料，既可以充分发挥其物理特性，又可以缩小其截面，从而节约了材料。这样也可以使建筑设计师更经济、更合理地进行结构构件的布置。

工程应用实例1：核心筒悬挂结构，以核心筒作为主要承力结构。1970年建成的德国慕尼黑宝马汽车公司行政大楼，采用了核心筒承力，外形设计灵活、多变，造型像汽车的汽缸。该大楼地上19层，地下3层，第12层为机械设备层，实际应用楼层为18层，两个楼段总高76.2m，悬挂在100m高的核心筒上。该建筑物的主要设计目的是表现汽车制造业的精密度和形态美，如图6-19所示。

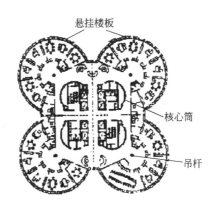

图6-19 宝马汽车公司行政大楼

工程应用实例2：框架悬挂结构，以框架作为主要承力结构。1985年建成的汇丰银行大厦，建筑悬挂在垂直组合的4对钢柱上，在整个高度上，通过5组2层高的桁架将钢柱连接起来，各组楼层就悬挂在桁架上。3组垂直缝楼身结构高度不一，形成了一个错落的轮廓，如图6-20所示。

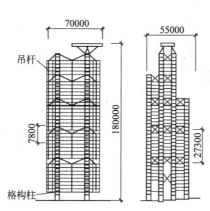

图6-20 汇丰银行大厦

高层悬挂结构从结构受力的角度采用整体与部分分离的方式，将核心筒或框架结构与楼板分离，通过吊杆连接形成悬挂受力方式，结构体系具有多种优点。

以上是四大分离原理在建筑工程中的应用，对同一个冲突、不同的分离原理可以得到不同的解决方法。下面通过地基打桩的问题对四个分离原理分别加以应用。

【**例6-8**】 地基打桩。

为了加固建筑地基，通常软土地都会采用钢桩或混凝土桩来打桩。在打桩过程中，希望桩头锋利，以便使桩轻松打入土中；同时在打桩结束后，又不希望桩头继续保持锋利，因为在桩到达位置后，锋利的桩头不利于桩承受较重的负荷，如图6-21所示。

方法1：用空间分离原理解决打桩问题

在桩的上部加上一个锥形的圆环，并将该圆环与桩固定在一起，从空间上将冲突进行分离。这样既可保证钢桩轻松打入土中，同时又可以承受较大的载荷，如图6-22所示。

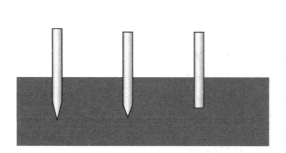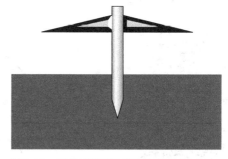

图6-21 地基打桩过程中的物理矛盾   **图6-22 运用空间分离原理解决打桩问题**

方法2：用时间分离原理解决打桩问题

在钢桩的导入阶段，采用锋利的桩头将桩导入，到达指定的位置后，将桩头分成两半或者采用内置爆炸物破坏桩头，使得桩可以承受较大载荷，如图6-23所示。

方法3：用条件分离原理解决打桩问题

在钢桩上加入一些螺纹，将冲击式打桩改为将桩螺旋拧入的方式。当将桩旋转时，桩就向下运动；不旋转时，桩就静止。从而解决了方便地导入桩与使桩承受较大的载荷之间的冲突，如图6-24所示。

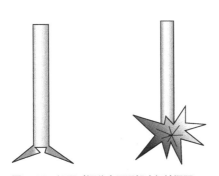

图6-23　运用时间分离原理解决打桩问题　　　　图6-24　运用条件分离原理解决打桩问题

方法4：用整体与部分分离原理解决打桩问题

将原来的一个较粗的钢桩用一组较细的钢桩来代替，从而解决了方便地导入桩与使桩承受较重的载荷之间的冲突，如图6-25所示。

对同一个冲突，不同的分离原理可以得到不同的解决方法。下面通过十字路口出现交通事故的问题对四个分离原理分别加以应用。

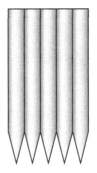

图6-25　运用整体与部分分离原理解决打桩问题

【例6-9】　在十字路口，去往不同方向的汽车都要通过相同的区域。但是，它们又不能同时通过相同的区域，否则就会造成交通事故。

方法1：时间分离

利用红绿灯就可以使去往不同方向的汽车在不同的时间通过相同的区域，如图6-26所示。

方法2：空间分离

利用立交桥可以使去往不同方向的汽车在同一时间利用不同的空间位置通过该区域，如图6-27所示。

图6-26　时间分离（红绿灯）

图6-27　空间分离（立交桥）

方法3：条件分离

利用"环岛"使去往不同方向的汽车在同一时间通过相同的区域，汽车从各个入口进入环岛，再按照不同的目的地，选择不同的出口从环岛出来，见图6-28。

方法4：整体与部分分离

将十字路口分解，分解为两个丁字路口，通过局部与整体的系统分离可以在一定程度上缓解冲突现象，见图6-29。

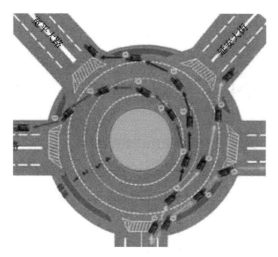

图6-28 条件分离（环岛）

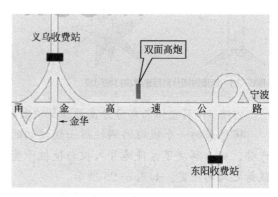

图6-29 整体与部分分离（两个丁字路口）

习题

1. 物理冲突与技术冲突的区别是什么？
2. 解决物理冲突常用四种分离方法是什么？
3. 举例说明生活中都存在物理冲突。
4. 如何解决物理冲突？请举例说明物理冲突的解决方法。

第7章

物质-场分析法与标准解

在科学研究中，模型是对系统原型的抽象，是科学认识的基础和决定性环节。通过科学抽象，就可以利用模型来揭示研究对象的规律性。在这一章中，我们来了解对技术系统进行简化和建模的 TRIZ 方法——"物质－场模型"，简称"物场模型"。它是一种用图形化语言对技术系统进行描述的方法，也是理解和使用标准解系统的基础。

在物场分析的应用过程中，由于面临的问题复杂而且广泛，物场模型的确立和使用有相当的困难。所以，1985 年，阿奇舒勒为 TRIZ 物场模型创立了标准解。标准解适用于解决标准问题，并能快速获得解决方案，在生产实践中通常用来解决概念设计的开发问题。标准解是阿奇舒勒后期进行 TRIZ 理论研究的重要成果，也是 TRIZ 高级理论的精华之一。

7.1 物质-场分析

通过冲突矩阵可找到相符合的发明创新原理，根据原理解决工作中的冲突。然而对一些技术系统中"参数属性"不明显的情况，工程人员无法确定技术冲突的类型，或者工程人员认为技术系统中的冲突不可见，这时冲突矩阵就不能有效应用，需要另一种工具引领找到系统内的问题，于是 TRIZ 理论又引入了物质－场模型。

7.1.1 物质-场模型

物质－场模型是对技术系统进行问题描述和分析的工具。在解决问题过程中，根据物质－场模型分析，可以建立与技术系统问题相联系的功能模型，查找相对应问题的标准解法和一般解法。

物质－场是指物质与物质之间相互作用与相互影响的一种联系。比如，楼板承受设备的重量，其中"楼板""设备"属于"物质"的概念，那么"场"又指什么呢？只要分析一下设备的重量为什么会加到楼板上，就会想到"地球引力"是其中的原因。就是说，在"设备"与"楼板"之间存在着一个"引力场"。物体本身不能实现某种作用，只有同某种"场"发生联系后才会产生对另一物体的作用或承受相应的反作用。就科学领域来说，温度场、机械场、声场、引力场、磁场、电场等都是物质－场的具体存在形式。

二维码23　物质－场基本模型

一个技术系统如果想要完成工作，必须构成一个物质－场，其基本模型如图7-1所示。

物质－场最少包括三要素——两个物质和一个场，以执行一个功能。功能是指两个物质与作用于它们的场之间的作用，物质 S_2 通过能量 F 作用于物质 S_1 产生输出（功能）。

TRIZ 理论中，功能有三种形式，如图7-2所示。

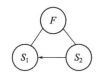

图7-1　物质－场的基本模型

图7-2　功能的三种形式

① 所有的功能都可以最终分解为 3 个基本元素（S_1、S_2、F）。

② 一个存在的功能必定由 3 个基本元素构成。

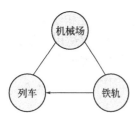

图7-3　奔驰的列车的物场模型

③ 将 3 个相互作用的基本元素有机组合将形成一个功能，在功能的 3 个基本元素中，S_1、S_2 是具体的"物"（一般用 S_1 表示原料，S_2 表示工具）；F 是抽象的"场"。这就构成了物质－场模型。S_1、S_2 可以是材料、工具、零件、人、环境等；F 可以是机械场、热场、化学场、电场、磁场、重力场等。

例如，奔驰的列车。S_1 为列车，S_2 为铁轨，F_1 为支撑（机械场）。奔驰的列车的物场模型如图 7-3 所示。

物质－场分析法是苏联发明家阿列特舒列尔 1979 年提出的。该法主要是以解决课题中的各种矛盾为中心，提出一些变换原理、方法、工具和程序，使发明按有序方式进行。该法是使用符号语言表达技术系统变换的建模技术。符号用来描述系统中两个元素之间的作用类型。常用符号见表 7-1：

表7-1　物质－场分析法中常用符号

符号	意义	符号	意义
→————→	有用的作用	∿∿∿→	有害的作用
- - - →	不足作用	⟹	改变的作用

7.1.2　物质-场模型的分类

根据对众多发明实例的研究，TRIZ 理论把物质－场模型分为以下四类。

（1）有效完整模型　该功能中的三元件都存在且都有效，能实现设计者追求的效应。

例如，手拿稳杯子，其特点是有用并充分的相互作用，物质－场模型为有效完整模型，如图 7-4 所示。

（2）不完整模型　组成功能的三元件中部分元件不存在，需要增加元件来实现有效完整功能，或者用一种新功能代替。有手或者有杯子，没有相互作用，属于不完整模型。

（3）非有效完整模型　功能中的三元件都存在，但设计者追求的效应未能完全实现。

例如，手中杯子下滑，其特点是有用但不充分的相互作用，物质－场模型为不完整模型，如图7-5所示。

（4）有害完整模型　功能中的三元件都存在，但产生了与设计者追求的效应相冲突的效应。创新的过程中要消除有害效应。如果三元件中的任何一个元件不存在，则表明该模型需要完善，同时也就为发明创造、创新性思路指明了方向；如果具备所需的三元件，则物质－场模型分析就可以提供改进系统的方法，从而使系统更好地完成功能。

例如，手被杯子划破，其特点是有害作用，物场模型为有害完整模型，如图7-6所示。

第一种模型是追求的目标，重点需要关注其他三种非正常模型，针对这3种模型，TRIZ理论提出了物质－场模型的一般解法和76个标准解法。

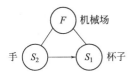

图7-4　手拿稳杯子的物场模型

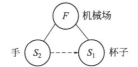

图7-5　手中杯子下滑的物场模型

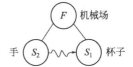

图7-6　手被杯子划破的物场模型

7.2　物质-场模型的一般解法

针对物质－场模型的不同类型，TRIZ理论提出了相对应的6个一般解法，如表7-2所示，下面分别进行介绍。

二维码24　物质-场模型的
类型及其相应的一般解法

表7-2　物质－场模型的6个一般解法

待改进模型	一般解法	具体解决措施
不完整模型	解法1	补全缺失的元素（物质、场），使模型完整
有害完整模型	解法2	加入第三种物质，阻止有害作用
	解法3	引入第二个场，抵消有害作用
非有效完整模型	解法4	引入第二个场，增强有用效应
	解法5	引入第二个场和第三个物质，增强有用效应
	解法6	引入第二个场或第二个场和第三个物质，代替原场或原有场和物质

（1）不完整模型采用一般解法的解法1：

① 补齐所缺失的元素，增加场 F 或工具 S_2，完整模型。

例如，去除液体中的残留气泡，增加机械场构成完整模型，如图7-7所示。当需要清除液体（S_1）中的气泡（S_2），可以利用离心机（增加了机械场 F）达到目的。

图7-7 增加机械场构成完整模型

② 系统地研究各种能量场。

（2）有害完整模型　有害完整模型，元素齐全，但S_1和S_2之间的相互作用结果是有害的或不希望得到的，因此场F是有害的。可采用一般解法的解法2和解法3。

解法2：

加入第三种物质S_3，S_3用来阻止有害作用。S_3可以是通过S_1或S_2改变而来，或者是S_1和S_2共同改变而来。

例如，办公室的隔间透明玻璃改为隐私磨砂玻璃，在这个例子中，没有透明玻璃的物场模型可以用图7-8（a）表示。显然S_2与S_1之间的相互作用是不期望的作用，为了抑制这种作用，引入磨砂S_3，如图7-8（b）所示。

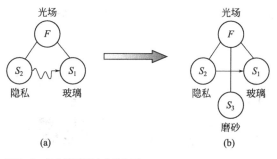

图7-8 加入磨砂阻止有害作用

解法3：

① 增加另外一个场F_2来抵消原来有害场F的效应。

例如，细长工件的切削加工。利用金属切削的方式加工细长零件时，往往会导致零件发生很大的弯曲变形。为了抑制这种大变形，可以应用解法3，增加一个场，即引入一个反作用力。引入反作用力前后的物质–场模型见图7-9。这种解决措施已经在实际加工中得到应用。

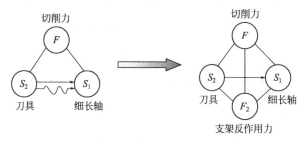

图7-9 加入机械场消除有害作用

② 系统地研究各种能量场。

（3）非有效完整模型　非有效完整模型是指构成物质－场模型的元件是完整的，但有用的场 F 效应不足，比如太弱或太慢等。可采用一般解法的解法4、解法5和解法6。

解法4：

用另一个场 F_2（或者 F_2 和 S_3 一起）代替原来的场 F_1（或者 F_1 及 S_2）。

例如，墙纸的去除。为了清除墙纸，可以利用刷子清除，然而效果并不理想。引入另一个场（蒸汽场）代替机械场，效果就很理想，如图7-10所示。

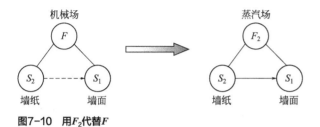

图7-10　用 F_2 代替 F

解法5：

① 增加另外一个场 F_2 来强化有用的效应。例如，为使物体的粘贴牢固，增加 F_2 机械场可以强化粘贴的效果，如图7-11所示。

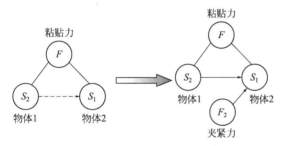

图7-11　增加 F_2 强化粘贴效果

② 系统地研究各种能量场。

解法6：

① 插进一个物质 S_3 并加上另一个场 F_2 来提高有用效应。例如，为使带有衬垫紧固件中的楔子轻而易举地拔出，引入了易熔合金属衬垫和热场，使楔子易拔出，如图7-12所示。

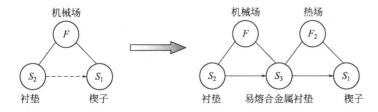

图7-12　引入 S_3 和 F_2

② 系统地研究各种能量场。

综上所述，物质－场模型的一般解法共有六种。只要能够恰当地运用这六种解法，或者将这六种解法有机地组合起来，就可以产生极大的效应。应用这六种解法，可以有效地解决那些不太复杂的问题，从而避免动用过于复杂的模型。

二维码25 解决法一般步骤及应用

7.3 76个标准解及应用

7.3.1 标准解系统的由来

在物质－场模型分析过程中，技术系统构成的3个要素——物质 S_1、物质 S_2 和场 F，三者缺一不可，否则就会造成系统的不完善，或当系统中某一物质所特定的机能没有实现时，系统内部就会产生各种冲突（技术难题）。为了解决系统产生的问题，可以引入另外的物质或改进物质之间的相互作用，并伴随能量（场）的生成、变换、吸收等，物场模型也从一种形式变换为另一种形式。因此各种技术系统及其变换都可用物质和场的相互作用形式表述，将这些变化的作用形式归纳总结后，就形成了发明问题的标准解法系统。

二维码26 标准解法系统及应用

7.3.2 76个标准解

TRIZ 理论为物质－场模型提供了成模式的解法，称为标准解法，共76个标准解法。其通常用来解决概念设计的开发问题，76个标准解分为5级：不改变或仅少量改变已有系统，开发物质－场，共13个标准解；改变已有系统，建立或破坏物质－场，共23个标准解；系统传递，从基础系统向高级系统或微观等级转变，共6个标准解；度量或检测技术系统内一切事物，共17个标准解；简化与改善策略，描述如何在技术系统引入物质或场，共17个标准解。发明者首先要根据物质－场模型识别问题的类型，然后选择相应的标准解。

（1）第一级标准解　该类标准解不改变或仅少量改变系统，共有13个。

① 由不完整的向完整的物质－场模型转换。假如只有 S_1，应增加 S_2 及场 F，以完善系统三要素，并使其有效。例如，用锤子 S_2 钉钉子 S_1。作为一个完整的系统，必须有锤子 S_2、钉子 S_1 和锤子作用于钉子上的机械场 F，才能实现钉钉子的功能。

② 在物质内部引入附加物，建立内部合成的物质－场模型。假如系统不能改变，但可接受永久的或临时的添加物，可以在 S_1 或 S_2 内部添加来实现。

③ 在物质外部引入附加物，建立外部合成的物质－场模型。假如系统不能改变，但用永久的或临时的外部添加物来改变 S_1 或 S_2 是可以接受的，则可添加。

④ 利用环境资源作为物质内部或外部的附加物，建立与环境一起的物质－场模型。假定系统不能改变，但可用环境资源作为内部或外部添加物，是可以接受的，则可添加。

⑤ 引入由改变环境而产生的附加物，建立与环境和附加物一起的物质 – 场模型。假定系统不能改变，但可以改变系统以外的环境，则改变。

⑥ 对物质作用的最小模式。微量精确控制是困难的，可以通过增加一个附加物，并在之后除去来控制微量。

⑦ 对物质作用的最大模式。一个系统的场强度不够，增加场强度又会损坏系统，可将强度足够大的一个场施加到另一元件上，把该元件再连接到原系统上。同理，一种物质不能很好地发挥作用，则可连接到另一物质上发挥作用。

⑧ 对物质作用的选择性最大模式：分别向最大和最小作用场区域选择性引入附加物。同时需要大的（强的）和小的（弱的）效应时，需要小效应的位置可由物质 S_2 来保护。

⑨ 在系统的两个物质之间引入外部现成的物质。在一个系统中有用及有害效应同时存在时，S_1 及 S_2 不必互相接触，可引入 S_3 来消除有害效应。

⑩ 与⑨类似，但不允许增加新物质。通过改变 S_1 或 S_2 来消除有害效应。该类解包括增加"虚无物质"，如空位、真空或空气、气泡等，或增加一种场。

⑪ 有害效应是由一种场引起的，可引入物质 S_3 吸收有害效应。

⑫ 在一个系统中有用、有害效应同时存在，但 S_1 及 S_2 必须处于接触状态，则增加场 F_2 以抵消 F_1 的影响，或得到一个附加的有用效应。

⑬ 在一个系统中，由于一个要素存在磁性而产生有害效应。将该要素加热到居里点以上，磁性将消失，或引入相反的磁场消除原磁场。

（2）第二级标准解　该类标准解改变系统，共有 23 个。

① 串联的物质 – 场模型：将 S_2 及 F_1 施加到 S_3；再将 S_3 及 F_2 施加到 S_1。两串联模型独立可控。

② 并联的物质 – 场模型：一个可控性很差的系统已存在部分不能改变，则可并联第二个场。

③ 对可控性差的场，用易控场来代替，或增加易控场。由重力场变为机械场或由机械场变为电磁场，其核心是由物理接触变到场的作用。

④ 将 S_2 由宏观变为微观。

⑤ 改变 S_2 成为允许气体或液体通过的多孔的或具有毛细孔的材料。

⑥ 使系统更具柔性或适应性，通常方式是由刚性变为一个铰接或成为连续柔性系统。

⑦ 驻波被用于液体或粒子定位。

⑧ 将单一物质或不可控物质变成确定空间结构的非单一物质，这种变化可以是永久的，也可以是临时的。

⑨ 使 F 与 S_1 或 S_2 的自然频率匹配或不匹配。

⑩ 与 F_1 或 F_2 的固有频率匹配。

⑪ 两个不相容或独立的动作可相继完成。

⑫ 在一个系统中增加铁磁材料和（或）磁场。

⑬ 将③与⑫结合，利用铁磁材料与磁场。

⑭ 利用磁流体，这是⑬的一个特例。

⑮ 利用含有磁粒子或液体的毛细结构。

⑯ 利用附加场（如涂层）使非磁场体永久或临时具有磁性。

⑰ 假如一个物体不能具有磁性，可将铁磁物质引入到环境中。

⑱ 利用自然现象，如物体按场排列，或在居里点以上使物体失去磁性。

⑲ 利用动态，可变成自调整的磁场。

⑳ 加铁磁粒子改变材料结构，施加磁场移动粒子，使非结构化系统变为结构化系统，或反之。

㉑ 与场 F 的自然频率相匹配。对于宏观系统，采用机械振动增加铁磁粒子的运动。在分子及原子水平上，材料的复合成分可通过改变磁场频率的方法用电子谐振频谱确定。

㉒ 用电流产生磁场并代替磁粒子。

㉓ 电流变流体具有被电磁场控制的黏度，此性质可与其他方法一起使用，如电流变流体轴承等。

（3）第三级标准解　该类标准解传递系统，共有 6 个。

① 系统传递 1：产生双系统或多系统。

② 改进双系统或多系统中的连接。

③ 系统传递 2：在系统之间增加新的功能。

④ 双系统及多系统的简化。

⑤ 系统传递 3：利用整体与部分之间的相反特性。

⑥ 系统传递 4：传递到微观水平来控制。

（4）第四级标准解　该类标准解检测系统，共有 17 个。

① 替代系统中的检测与测量，使之不再需要。

② 若①不可能，则测量一复制品或肖像。

③ 如①及②不可能，则利用两个检测量代替一个连续测量。

④ 假如一个不完整的物质 – 场系统不能被检测，则增加单一或两个物质 – 场系统，且一个场作为输出。假如已存在的场非有效，在不影响原系统的条件下，改变或加强该场，使其具有容易检测的参数。

⑤ 测量引入的附加物。

⑥ 假如在系统中不能增加附加物，则在环境中增加，以对系统产生一个场，检测此场对系统的影响。

⑦ 假如附加场不能被引入到环境中，则分解或改变环境中已存在的物质，并测量产生的效应。

⑧ 利用自然现象。如利用系统中出现的已知科学效应，通过观察效应的变化，决定系统的状态。

⑨ 假如系统不能直接或通过场测量，则测量系统或要素激发的固有频率来确定系统变化。

⑩ 假如实现⑨不可能，则测量与已知特性相联系的物体的固有频率。

⑪ 增加或利用铁磁物质或磁场以便测量。

⑫ 增加磁场粒子或改变某种物质成为铁磁粒子，测量所导致的磁场变化即可。

⑬ 假如 ⑫ 不能建立一个复合系统，则添加铁磁粒子到系统中。

⑭ 假如系统中不允许增加铁磁物质，则将其加到环境中。

⑮ 测量与磁性有关的现象，如居里点、磁滞等。

⑯ 若单系统精度不够，可用双系统或多系统。

⑰ 代替直接测量，而测量时间或空间的一阶或二阶导数。

（5）第五级标准解　该类标准解简化改进系统，共有 17 个。

在第一级标准解到第四级标准解的求解过程中，可能使系统变得更复杂，因为往往要引入新的物质或场；第五级标准解是简化系统的方法，可保证系统理想化。当从第一级到第三级有了解后，或解决了第四级检测问题后，再回到第五级标准解，这是正确的方法。

① 间接方法：使用无成本资源，如空气、真空、气泡、泡沫、缝隙等；利用场代替物质；用外部附加物代替内部附加物；利用少量但非常活化的附加物；将附加物集中到特定位置上；暂时引入附加物；假如原系统中不允许有附加物，可在其复制品中增加附加物，包括仿真器的使用；引入化合物，当它们发生反应时产生所需要的化合物，而直接引入这些化合物是有害的；通过对环境或物体本身的分解获得所需的附加物。

② 将要素分为更小的单元。

③ 附加物用完后自动消除。

④ 假如环境不允许大量使用某种材料，则使用对环境无影响的材料。

⑤ 使用一种场来产生另一种场。

⑥ 利用环境中已存在的场。

⑦ 使用属于场资源的物质。

⑧ 状态传递 1：替代状态。

⑨ 状态传递 2：双态。

⑩ 状态传递 3：利用转换中的伴随现象。

⑪ 状态传递 4：传递到双态。

⑫ 利用元件或物质间的作用使其更有效。

⑬ 自控制传递。假如一物体必须具有不同的状态，应使其自身从一种状态传递到另一种状态。

⑭ 当输入场较弱时，加强输出场，通常在接近状态转换点处实现。

⑮ 通过分解获得物质粒子（离子、原子、分子等）。

⑯ 通过组合获得物质粒子。

⑰ 假如高等结构物质需分解但又不能分解，可用低一级的物质状态替代；反之，如低等结构物质不能应用，则用高一级的物质状态替代。

7.3.3　基于物质-场和标准解的发明问题解决过程

在物质－场模型分析基础上，可以快速有效地使用标准解法来解决那些在过去看来似乎不能解决的难题。76 个标准解法，提供了丰富的问题解决方法。由已有系统的特定问题，将标准解变为领域解就形成了新的技术方案，如图 7-13 所示。

掌握问题解决过程中标准解法的选择程序，是有效应用 76 个标准解法的必要前提。应用标准解法来解决问题，可遵照下列四个步骤来进行。

（1）确定问题类型　首先要确定所面临的问题属于哪种类型，是要求对系统进行改进，还是要求对某件物体进行测量或探测。问题的确定是一个复杂的过程，建议按照下列顺序进行：

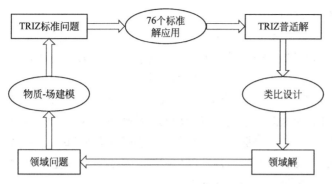

图7-13 物质-场的解题模式

① 问题工作状况描述，最好有图片或示意图配合问题状况的陈述。

② 将产品或系统的工作过程进行分析，尤其是过程需要表述清楚。

③ 零件模型分析包括系统、子系统、超系统3个层面的零件，以确定可用资源。

④ 功能结构模型分析是将各个元素间的相互作用表述清楚，可用物质－场模型的作用符号进行标记。

⑤ 确定问题所在的区域和零件，划分出相关元素，作为下一步工作的核心。

（2）解决问题　如果面临的问题是要求对系统进行改进，则：

① 建立现有系统或情况的物质－场模型。

② 如果是不完整物质－场模型，应用第一类标准解法中①～⑧的标准解法；物质－场模型的改变形式为补充元素，如图7-14所示。

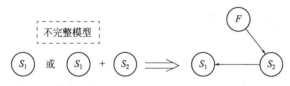

图7-14 补充元素

③ 如果是有害效应的完整模型，应用第一类标准解法中的⑨～⑬的5个标准解法，物质－场模型的改变形式有两种：加入 F_2 消除有害效应；加入 S_3 阻止有害效应。具体如图7-15所示。

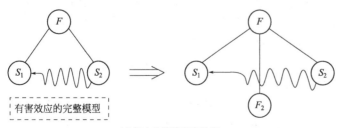

(a) 加入 F_2 消除有害效应

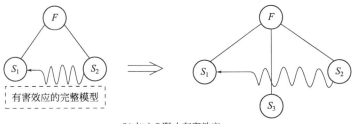

(b) 加入S_3阻止有害效应

图7-15 消除有害作用

④ 如果是效应不足的完整模型，应用第二级标准解中的 23 个标准解法和第三级标准解中的 6 个标准解法。物质 − 场模型的改变形式有三种：加入 S_3 和 F_2 提高有用效应；加入 F_2 强化有用效应；加入 S_3 和 F_2 提高有用效应，如图 7-16 所示。

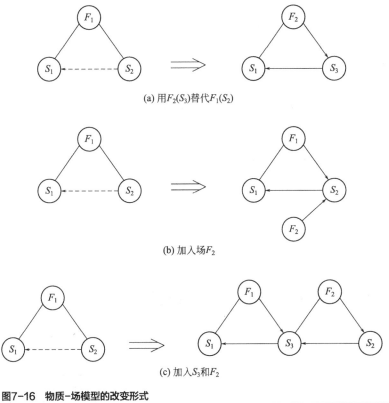

(a) 用$F_2(S_3)$替代$F_1(S_2)$

(b) 加入场F_2

(c) 加入S_3和F_2

图7-16 物质−场模型的改变形式

（3）对某个组件进行测量或探测　如果面临的问题是对某件东西进行测量或探测，应用第四级标准解中的 17 个标准解法。

（4）标准解简化　当获得了对应的标准解法和解决方案，检查模型（系统）是否可以应用第五级标准解中的 17 个标准解法来进行简化。第五级标准解可理解为考虑是否有重要约束限制着新物质引入系统。

发明问题标准解的使用过程，也可以用流程图来表示，如图 7-17 所示。

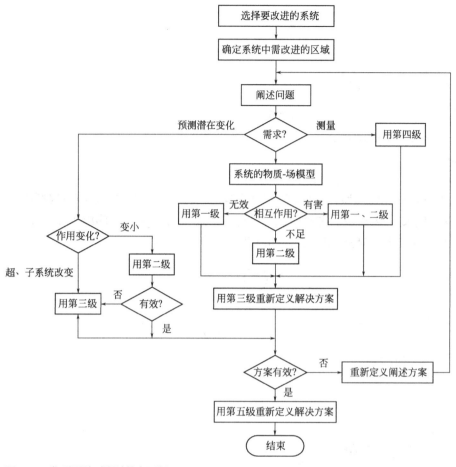

图7-17 发明问题标准解法的应用流程

7.4 物质-场理论在建筑工程中的应用

　　在解决问题过程中，根据物质－场模型分析，可以建立与技术系统问题相联系的功能模型，查找相对应问题的标准解法和一般解法。从下边的案例中了解一下在建筑行业中如何利用物质－场分析方法解决问题。

二维码27　物场分析法
应用案例

　　【例7-1】 旧管道维修。
　　旧管道出现多处漏水和渗水的现象，需要维修或更换。考虑到旧管道仍有利用价值，希望仅对其渗水处进行维修。现在的问题是，管道多处漏水和渗水，无法确定其具体位置；维修中可从管道维修孔进入管道内部，其余部分均埋在地下，无法打开。具体分析如下：
　　① 由于不能直接找到该技术系统中的冲突，采用物质－场模型对该问题进行分析。在所要解决的问题中，仅有维修对象 S_1 属于不完整物质－场模型。若对管道从外部检测维修，

需挖开所有的管沟，费用过高，因此采用从管道内部维修，采用将不透水的柔性物质 S_2 增加到该技术系统中，形成不完整模型 S_1+S_2，如图 7-18 所示。

② 对于不完整模型，标准解提供了第一类标准解法中①~⑧的标准解法。物质−场模型的改变形式为补充元素。

通过分析，应用第一类标准解法中第 3 个标准解（假如系统不能改变，但用永久的或临时的外部添加物来改变 S_1 或 S_2 是可以接受的，则可添加），为 S_2 表面抹胶、将物质−场模型的形式改变，如图 7-19 所示。

③ 用人工可将抹胶的防水膜贴在管道的内表面，构成完整的技术系统物质−场模型，如图 7-20 所示。

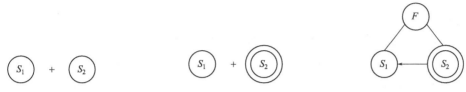

图7-18 不完整模型　　图7-19 增加外部添加物模型　　图7-20 外部添加物的物质−场模型

④ 利用人工为管道内表面贴防水膜，工作效率低，质量不能保证，而且遇到管道内径较小的情况，人无法进入管道内部。因此考虑用第五级标准解中的 17 个标准解法来进行改善。

选用第五级标准解中的①方法（使用无成本资源，如空气、真空、气泡、泡沫、缝隙等），改善技术系统中场的作用。

将防水贴膜制成防水圆管，圆柱形截面直径大于管道内径，用固定圈按照一定距离间隔固定在防水贴膜上。此时注意，防水贴膜已经抹好的胶在圆柱形管的内表面。将圆柱形防水贴膜一端封闭，敞口端沿管道维修孔截面周边固定。防水圆管刚插入管道时较松软，用空气压缩机向封闭的套管中充气，防水圆管受压后延展，与维修管道壁粘接。当套管延伸至维修管道端部时，防水圆管封闭端的封闭绳索束达到极限破坏后断开。这样就完成维修管道内表面贴防水膜的工作，如图 7-21 所示。

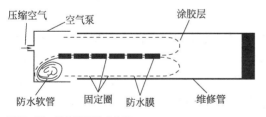

图 7-21 维修管道技术方案

【例 7-2】 建筑材料检验。

对建筑材料进行检验，通常对建筑材料采水用外加机械力的方式，将建筑材料制成的试件破坏，测试其破坏时的强度。建筑材料的破坏一般与其存在的微裂缝有关，通常检测裂缝时只能观察到其外部裂缝，试件内部裂缝则无法检测。能否找到一种检测方法，既可以检查其内部裂缝，又可以检查其强度呢？具体分析如下：

① 由于不能直接找到该技术系统中的冲突，采用物质−场模型对该问题进行分析。所

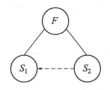

图7-22 效应不足的完整模型

要解决的问题中，有检验对象S_1、加载试验材机S_2、机械场F，但F不能完成全部检测工作，属于效应不足的完整模型，如图7-22所示。

② 对于效应不足的完整模型，标准解提供了第二级标准解中的23个标准解法和第三级标准解中的6个标准解法。物质－场模型的改变形式有三种：加入S_3和F_2提高有用效应；加入F_2强化有用效应；加入S_3和F_2提高有用效应。

通过分析，选择第二级标准解：改变系统。采用第二级标准解的③（对可控性差的场，用易控场来代替，或增加易控场。由重力场变为机械场或由机械场变为电磁场，其核心是由物理接触变到场的作用）。

③ 将机械力转变为场的作用，在建筑工程中应用较少，但在工业工程中应用较多。1945年，食品行业中首先采用气压场原理对胡椒进行加工处理，即：将胡椒放入一个密闭罐中，在罐中慢慢增大气压，达到2~3atm[❶]时，迅速将密闭罐打开，胡椒内的籽会突然从胡椒内喷出，达到胡椒籽与胡椒分离的目的。

在同行业中，发明创新原理能够很快得到应用。1945年，坚果加工业采用该原理对松子进行加工，可以成功地将大量松子外壳一次性破坏，得到松子仁。同年，葵花籽工业采用该原理对葵花籽加工，也取得了成功。

同一个原理在不同行业中则应用缓慢。1972年，钻石加工业采用该项技术处理出碎钻石，即将钻石放入加压罐中，空气在高压作用下进入钻石中的微裂缝，空气进入后，钻石就裂开了。

后来该项技术在很多领域得到应用。如在过速器的清洁工作中，由于过滤器上沉积了很厚的油垢，不宜清洁。对其加压后突然减压，油泥会自动与过滤器分离，既经济又方便。

④ 在建筑材料试块检测中，也可引入空气压力场：将建筑试块放入密闭空间进行加压，达到标准压力值后突然减压，可检验其是否开裂、强度特征以及其内部是否存有裂缝。

其物质－场模型如图7-23所示，其中选择密闭罐作为检测仪器S_3，空气压力场作为F_2。

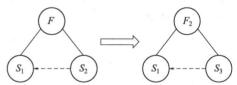

图7-23 加入S_3和F_2提高有用效应

【例7-3】 建筑物抗震设计。

随着城市发展，人们对建筑物的使用功能和外形提出了更高的要求，造型别致、风格新颖的建筑物越来越多。然而建筑物的高度越高、跨度越大、外形越不规则，其抗震性越差，为此国家建筑标准对建筑设计提出了诸多限制。在实际工程中，很多工程均属于超高超限工程。可见，人们对建筑超前的使用性要求对建筑抗震设计提出了挑战，要求建筑抗震设计能力进一步发展。同时，提高建筑抗震设计能力，对建筑的进一步发展也会起到推动作用。因此，怎样降低或消除地震作用对建筑的影响成为国内外工程师长期关注的问题。其分析如下：

① 在所要解决问题的技术体系中，有地震作用对象建筑物S_1、建筑基础S_2、地震作用F。其中，地震作用F对建筑物基础S_2、建筑物S_1产生了有害效应。该物质－场模型属于有害效应的完整模型。

---

❶ 1atm=101325Pa。

② 对于有害效应的完整模型，标准解提供了第一级标准解中的⑨~⑬的5个标准解法。物质-场模型的改变形式有两种：加入 F_2 消除有害效应；加入 S_3 阻止有害效应。

在建筑物抗震设计中，加入另一种场抵抗地震作用似乎很难实现，因此，首先考虑第二种改变形式，即加入一种新物质 S_3 阻止有害效应。

选择1：应用标准解⑨（在一个系统中有用及有害效应同时存在，S_1 及 S_2 不必互相接触，引入 S_3 来消除有害效应）。

在建筑物主体结构与地基之间引入新物质——隔震垫，以消除地震对建筑结构主体的有害效应，如图7-24所示。

图7-24　某大楼引入隔震垫消除地震作用

昆明机场是目前世界上最大的隔震建筑，基底总面积达8.5万平方米，用隔震垫达1800个。这是由于云南地处断裂带，地震频发，属于抗震重点区域。采用隔震技术，很好地解决了昆明机场的建筑抗震设计问题。

选择2：应用标准解⑩（标准解⑩与⑨类似，但不允许增加新物质。通过改变 S_1 或 S_2 来消除有害效应）。

按照标准解⑩的要求，在标准解⑨的基础上对建筑主体结构与建筑地基隔离，但不增加新物质，仅对建筑主体进行改变。

有专家基于俄罗斯套娃（图7-25）的理念申请了一项抗震专利，其重心沿中心轴对称。

该项技术已应用到建筑设计中，如图7-26所示。在这种形式的建筑中，上部结构为刚性，下部柱脚形成圆形，由砂、橡胶或其他弹性材料制成。在建筑底部形成两层地板，中间"十"字形交叉的柱在地震来临时可以晃动。

图7-25　俄罗斯套娃

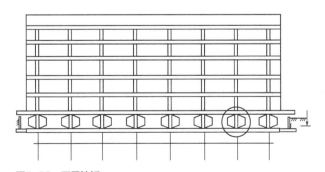

图7-26　隔震地板

选择3：应用标准解⑪（有害效应是由一种场引起的，则引入物质 S_3 吸收有害效应）。

标准⑪针对由场引起的有害效应提出，引入新物质吸收有害效应。地震作用正是由场引起的，该解决方法对建筑抗震设计很适用。

在建筑抗震设计中，可加入附加的质量、弹簧体系，以起到消耗地震能量的功能。如前面介绍的调谐质量阻尼器 TMD，或也可设置专门的容器灌注液体，通过液体晃动，起到耗能作用，如调谐液体阻尼器 TLD。

此外，可结合其他结构功能构件兼起耗能作用，其中有耗能支撑、减震墙、容损构件等，均能吸收地震能力，达到耗能减震的作用。

以上这些方法均为在建筑物中引入新物质，吸收地震作用的能量，达到消能减震的作用。由于种类繁多，这里仅以耗能支撑为例，说明其工作原理和作用。

耗能支撑由支撑芯材和套管组成，如图 7-27 所示。其设计思想是让芯材承担轴向力，套管不承受轴力，起防止支撑屈曲的作用，而芯材用低屈服点钢材制成，在压力作用下产生较大塑性变形，通过这种变形可以达到耗能目的。

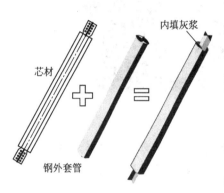

图7-27　耗能支撑

屈曲约束支撑不仅可以用于新建结构，而且还可以用于已有结构的抗震加固和改造。1995 年，日本神户地震以后，多个建筑的抗震加固选用屈曲约束支撑。1999 年，中国台湾地区地震后，也选用了屈曲约束支撑对重点工程进行加固。

物质 – 场模型的第一种改变形式为加入 F_2 消除有害效应。前面提到，在建筑抗震设计中，加入另一种场抵抗地震作用似乎很难实现，但可以利用另一种场改变建筑结构的阻尼，从而改变建筑主体结构的振动特征。

习题

1. 什么是物场模型？如何对其进行分类？
2. 物质 – 场模型的一般解法有哪些？举例说明其应用。
3. 76 个标准解共分为哪几级？各级都侧重解决哪些问题？
4. 发明问题的标准解法可以解决哪些问题？

第 8 章

技术进化理论

8.1 技术进化理论概述

TRIZ 技术进化理论是由阿奇舒勒等人于 20 世纪 70~80 年代提出的，该理论通过对世界专利库的分析，发现并确认了技术在结构上的进化趋势，将之总结为技术进化模式及技术进化路线。

8.1.1 技术进化理论的基本观点

技术进化理论认为，技术系统是在不断发展变化且存在着客观规律的，不同专业领域中总结出的进化模式或定律及进化路线可在另一工程专业领域中实现，即技术进化模式或定律与进化路线具有可传递性，都是有规律可循的。其核心是阿奇舒勒总结的四阶段理论（技术进化的 S 曲线）和八大进化规律，应用相关内容能预测技术的发展，而且还能展现预测结果及实现产品可能的结构状态，对于产品创新具有指导作用。

8.1.2 技术进化定律系统

随着社会的发展，人们的需求不断变化，为满足这些新的需求必须提出许多新功能，而这些新功能的实现又要求开发新系统或改进已有系统。所以，描述所有技术进化定律的系统将包括三类定律：需求进化定律、功能进化定律及系统进化定律。

需求进化的一般趋势是首先满足基本需求，之后满足智能的及创造性的需求。进化有两个方向：新需求的出现及已有需求的变型。需求进化具有多样性的特点，其定律包括需求理想化、需求动态增长、需求协调、需求合并及专门化等定律。

功能要满足需求，功能随需求的进化而进化。功能进化定律包括功能理想化、功能动态增长、功能协调、向单功能或多功能传递等定律。

系统进化定律分为新系统构成定律及已有系统改进定律。新系统构成定律定义新系统具有生命力的规范，包括系统性、完整性、丰富性、连接存在性、协调性等定律。已有系统的改进定律给出了已有系统进化的方向，包括增加理想化水平、系统组成部件的不均衡发展、系统动态程度增加、协调性、向超系统传递等定律。其中的系统动态程度增加定律又由系统向微观传递、增加物质－场相互作用、信息饱和等定律组成。

8.1.3　技术进化理论的表现形式

技术进化模式和路线是 TRIZ 技术进化理论研究的一个热点。据统计，目前学界约已发展出20种典型进化模式和350条进化路线。技术进化理论目前有几种表现形式：技术进化引导理论（Guided Technology Evolution，GTE）、定向进化理论（Directed Evolution，DE）、技术进化理论（Evolution of Technique，ET）、技术进化定律（The Laws of Evolution）。它们都是阿奇舒勒 TRIZ 技术进化模式或定律及技术进化路线为客观规律的一种总结。

技术进化引导理论（GTE）包括6种技术进化模式：增加理想化模式；子系统不平衡模式；向超系统转化进化模式；增加动态性进化模式；缩短能量转化路径进化模式；向微观级转化进化模式。

定向进化理论（DE）包括10种技术进化模式：进化阶段模式；增加理想度进化模式；提高资源利用水平模式；系统元素的非均衡发展模式；提高动态性和可控性进化模式；增加复杂性后简化进化模式；元素间匹配、不匹配进化模式；由宏观系统向微观系统进化模式；增加场的使用进化模式；减少人工参与进化模式。

技术进化理论（ET）包括11种技术进化模式：增加理想度进化模式；增加系统的动态性进化模式；向增加物质分割的方向进化；向增加空间分割的方向进化；向增加界面分割的方向进化；增加可控性进化模式；向超系统方向进化，即先增加系统复杂性而后再减少其复杂性；增加集合复杂性进化模式；向能量转化路径最短方向进化；增加系统协调性进化模式；增加系统节奏和谐进化模式。

对比三种进化模式，GTE 进化模式较为简洁，该理论对向微观级转化的进化模式研究得比较深入；DE 及 ET 的进化模式更为全面，它们都将技术系统进化过程中的卷积（convolution）模式和增加系统可控性的进化模式纳入了分析框架，ET 对技术系统进化模式进行的研究尤为细致，其将技术进化趋势区分为时间进化、物质和空间进化以及界面进化三大趋势，并首次将增加物质分割、空间分割、界面分割及增加协调性与和谐性引入技术进化模式分析框架，其技术进化模式充满了系统化、结构化的特色。与前两种理论的模糊特征相比，ET 技术进化模式结构更为清晰，便于操作，因而日益受到学术界的关注与青睐。

8.1.4　技术进化理论的综合应用

技术进化理论与其他 TRIZ 工具（如物质－场分析模型、发明创新原理等）在应用过程中应综合运用。在进化的早期阶段，由于系统面临的主要问题是相关元件或作用不齐全，因此物质－场模型是主要应用工具。当系统进化到一定阶段时面临的主要问题是解决冲突，对应的主要工具是冲突矩阵和发明创新原理。

8.2 技术系统进化S曲线

阿奇舒勒通过对海量专利的分析研究，发现技术系统的进化规律满足一条S形的曲线，即 TRIZ 技术系统进化的 S 曲线，如图 8-1 所示。

S 曲线描述了一个技术系统的完整生命周期，图中的横轴表示时间；纵轴表示技术系统的某个重要的性能参数，比如建筑行业中用得最多的起重机这一技术系统，起重重量、速度、可靠性就是其重要性能参数，性能参数随时间的延续呈现 S 形曲线，对其进行分析可以帮助评估系统现有技术的成熟度，帮助合理地投入和分配，做出正确的决策。

一个技术系统的进化一般经历四个阶段，分别为婴儿期、成长期、成熟期、衰退期，其每一阶段都会呈现出不同的特点，专利的发明级别、数量和经济收益在每个阶段都有不同的表现，如图 8-2 所示。

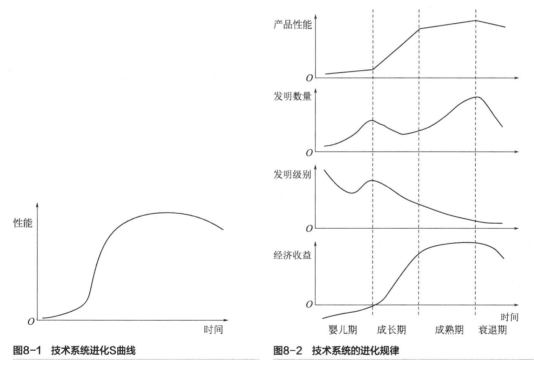

图8-1 技术系统进化S曲线   图8-2 技术系统的进化规律

（1）技术系统的婴儿期 一个新技术系统的出现一般要满足两个条件：人们对某种功能有需求，存在满足这种需求的技术。当这两个条件同时出现时，一个新的技术系统就会诞生。新的技术系统通常会以一个更高水平的发明结果来呈现。TRIZ 从性能参数、专利级别、专利数量、经济收益四个方面描述了技术系统在各阶段所表现出来的特点，以帮助决策者有效了解和判断一个产品或行业所处的阶段，从而制订有效的产品策略和企业发展战略。处于婴儿期的技术系统尽管能够提供新的功能，但该阶段的系统明显地处于初级阶段，存在着效率低、可靠性差或一些尚未解决的问题。所以处于婴儿期的技术系统所呈现的特征是：性能完善非常缓慢，此阶段产生的专利级别很高，但专利数量较少，系统在此阶段的经济收益为负数。由于人们对它的未来较难把握，而且风险较大，因此只有少数眼光独到者才会进行投资，处于此阶段的系统所能获得的人力、物力上的投入非常有限。

（2）技术系统的成长期（快速发展期）　进入发展期的技术系统，系统中原来存在的各种问题逐步得到解决，效率和产品可靠性得到较大程度的提升，其价值开始获得社会的广泛认可，发展潜力也开始显现，从而吸引了大量的人力、财力，大量资金的投入会推进技术系统获得高速发展。处于该阶段的系统，性能得到急速提升，此阶段产生的专利级别开始下降，专利数量出现上升。系统在此阶段的经济收益快速上升进而进入不同的细分市场，系统及其部件会有适度的改变，这时候投资者蜂拥而至，可促进技术系统的快速完善。

（3）技术系统的成熟期　系统发展到成熟期时，技术系统已经趋于完善，所进行的大部分工作只是系统的局部改进和完善。处于成熟期的技术系统，性能水平达到最佳。这时仍会产生大量的专利，但专利级别会更低。此阶段的产品已进入大批量生产，并获得了巨额的财务收益。此时，需要明确系统将很快进入下一阶段的衰退期，需要着手布局下一代的产品，制定相应的企业发展战略，以保证本代产品淡出市场时，有新的产品来承担起企业发展的重担。否则，企业将面临较大的风险，业绩也会出现大幅回落。

（4）技术系统的衰退期　此阶段技术系统已达到极限，不会再有新的突破，该系统因不再有需求的支撑而面临市场的淘汰。处于该阶段的系统，其性能参数、专利等级、专利数量、经济收益均呈现快速下降趋势。

当一个技术系统的进化完成四个阶段后，必然会出现一个新的技术系统来替代它，如此不断替代，就形成了S形曲线族，如图8-3所示。

S曲线描述了技术系统的一般发展规律，是一种技术成熟度预测方法，针对某一项技术产品，搜集其有关专利数据或其他技术数据，按照发展的不同时期与发展阶段的关系，描绘其图形，可通过当前技术在S曲线上的位置来评定该技术系统的成熟度，为研发决策提供参考。

技术进化过程是其实现形式，也是产品进化的过程，而产品进化又是其核心技术不断被替代的过程。将S曲线简化为分段线性曲线可进行产品核心技术成熟度预测，如图8-4所示。图中横坐标为时间，即依据一项核心技术推出一系列产品的时间，纵坐标为产品性能，其值不能超过自然限制。从横坐标上将产品分为四个阶段：婴儿期、成长期、成熟期和衰退期。

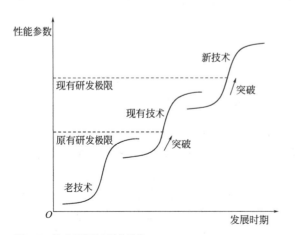

图8-3　技术系统的S形曲线族

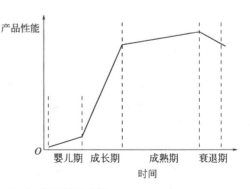

图8-4　分段线性S曲线

确定产品在 S 曲线上的位置可为产品技术成熟度提供预测。预测结果可为企业研发决策指明方向：处于婴儿期及成长期的产品应对其结构、参数等进行优化，使其尽快成熟，为企业尽快带来利润；处于成熟期与衰退期的产品，企业在赚取利润的同时，应开发新的核心技术，以便推出新一代产品，使企业在未来市场竞争中取胜。TRIZ 技术进化理论采用时间与产品性能、时间与发明数量、时间与发明级别、时间与经济收益四组曲线综合评价产品在图 8-2 所示曲线上的位置，从而为产品技术的 R&D（研究与试验发展）决策提供依据。

8.3 技术系统八大进化法则

一个产品或物体可以看作是一个技术系统。技术系统由多个子系统组成，通过子系统间的相互作用来实现一定的功能，子系统可以是零件或部件，甚至是构成元件。系统处于超系统之中，超系统是系统所在的环境，环境中其他相关的系统可以看作是超系统的构成部分。

阿奇舒勒技术系统进化论的主要观点是技术系统的进化并非是随机的，而是遵循一定的客观进化模式，所有的系统都向"最终理想化"进化，系统进化的模式可以在过去的专利发明中发现，并可以应用于新系统的开发，从而避免盲目地尝试和浪费时间。技术系统进化论主要有八大进化法则，这些法则可以用来解决难题，预测技术系统，产生并加强创造性问题的解决。

8.3.1 组成系统的完备性法则

要实现某项功能，一个完整的技术新系统必须包含以下四个相互关联的基本子系统：动力子系统、传输子系统、执行子系统和控制子系统。动力子系统是从能量源获取能量，转化为系统所需的能源；传输子系统是把能量或场传递给执行子系统；执行子系统是对系统作用对象实施功能，常称为"工具"；控制子系统是控制其他子系统如何协调，以实现功能。

组成系统的完备性法则包含两层意思：

① 系统如缺少其中的任一部分，就不能成为一个完整的技术系统。

② 如果系统中的任一部分失效，整个技术系统也无法幸存。

由完备性法则可以得到如下推论：为了使技术系统可控，至少要有一个部分应该具有可控性。所谓可控性是指根据控制者的要求来改变系统特征、参数的行为。增加技术系统的完备性可考虑的是：

① 新的技术系统经常没有足够的能力去独立地实现主要功能，所以依赖超系统提供的资源。

② 随着技术系统的发展，系统逐渐获得需要的资源，自己提供主要的功能。

③ 系统不断自我完善，减少人的参与，以提高技术系统的效率。

完备性法则有助于确定实现所需技术功能的方法并节约资源，利用它可对效率低下的技术系统进行简化。

8.3.2 提高理想度法则

技术系统的提高理想度法则包括以下几方面含义：

① 一个系统在实现功能的同时，必然有两方面的作用：有用功能和有害功能。

② 理想度是指有用功能和有害功能的比值。

③ 系统改进的一般方向是最大化理想度比值。

④ 在建立和选择发明解法的同时，需要努力提升理想度水平。

任何技术系统，在其生命周期中，都是沿着提高其理想度、向最理想系统的方向进化的，提高理想度法则代表着所有技术系统进化法则的最终方向。理想化是推动系统进化的主要动力，比如手机的进化、计算机的进化。

提高理想度法则是所有进化法则的基础。而理想解（IFR）公式：

$$理想解 = 利益 / （成本 + 有害）$$

最理想的技术系统应该是：并不存在物理实体，也不消耗任何资源，但却能够实现所有必要的功能，即物理实体趋于零，功能无穷大，简而言之，就是"功能俱全，结构消失"。

提高理想度可从以下四个方向予以考虑：

① 增加系统的功能。

② 传输尽可能多的功能到工作元件上。

③ 将一些系统功能移转到超系统或外部环境中。

④ 利用内部或外部已存在的可利用资源。

8.3.3 子系统不均衡进化法则

技术系统由多个实现各自功能的子系统（元件）组成，每个子系统及子系统间的进化都存在着不均衡。具体如下：

① 每个子系统都沿着自己的 S 曲线进化。

② 不同的子系统将依据自己的时间进度进化。

③ 不同的子系统在不同的时间点到达自己的极限，这将导致子系统间出现冲突。

④ 系统中最先到达其极限的子系统将抑制整个系统的进化，系统的进化水平取决于此子系统。

⑤ 需要考虑系统的持续改进来消除冲突。

掌握子系统不均衡进化法则，有助于及时发现并改进系统中最不理想的子系统，从而提升整个系统的进化阶段。

8.3.4 动态性和可控性进化法则

动态性和可控性进化法则指：增加系统的动态性，以更大的柔性和可移动性来获得功能的实现；增加系统的动态性要求来增加可控性。增加系统的动态性和可控性的路径很多，具体如下。

① 向移动性增强的方向转化的路径。本路径的技术进化阶段：固定的系统→可移动的系统→随意移动的系统。

② 增加自由度的路径。本路径的技术进化阶段为：无动态的系统→结构上的系统可变性→微观级别的系统可变性。如刚性体→单铰链→多铰链→柔性体→气体／液体→场。

③ 增加可控性的路径。本路径的技术进化阶段为：无控制的系统→直接控制→间接控制→反馈控制→自我调节控制的系统。如城市街灯，为增加其控制，经历了以下进化路径：专人开关→定时控制→感光控制→光度分级调节控制。

④ 改变稳定度的路径。本路径的技术进化阶段为：静态固定的系统→有多个固定状态的系统→动态固定系统多变系统。

8.3.5 增加集成度再进行简化法则

技术系统趋向于首先向集成度增加的方向，紧接着再进行简化。比如先集成系统功能的数量和质量，然后用更简单的系统提供相同或更好的性能来进行替代。具体路径如下：

（1）增加集成度的路径 本路径的技术进化阶段为：创建功能中心→附加或辅助子系统加入→通过分制、向超系统转化或向复杂系统转化来加强易于分解的程度。

（2）简化路径 本路径反映了如下技术进化阶段。

① 通过选择实现辅助功能的最简单途径来进行初级简化。

② 通过组合实现相同或相近功能的元件来进行部分简化。

③ 通过应用自然现象或"智能物"替代专用设备来进行整体的简化。

（3）单—双—多路径 本路径的技术进化阶段为：单系统→双系统→多系统。双系统包括：

① 单功能双系统：同类双系统和轮换双系统，如混凝土搅拌车罐体内采用双螺旋叶片。

② 多功能双系统：同类双系统和相反双系统，如建筑隔震结构中带铅芯的橡胶垫。

③ 局部简化双系统：如具有在小地震和大地震中发挥双控作用的阻尼器。

④ 完整简化的双系统：如新的单系统。

多系统包括：

① 单功能多系统，有同类多系统和轮换多系统。

② 多功能多系统，有同类多系统和相反多系统。

③ 局部简化多系统。

④ 完整简化的多系统，如新的单系统。

（4）子系统分离路径 当技术系统进化到极限时，实现某项功能的子系统会从系统中剥离出来，进入超系统，这样在此子系统功能得到加强的同时，也简化了原来的系统。如商品混凝土配送中心就是从建筑施工系统中分离出来的子系统。

8.3.6　子系统协调性进化法则

在技术系统进化中，子系统的匹配和不匹配交替出现，以改善性能或补偿不理想的作用。即技术系统的进化沿着各个子系统相互之间更协调的方向发展，系统的各个部件在保持协调的前提下，充分发挥各自的功能。具体如下：

（1）匹配和不匹配元件的路径　本路径的技术进化阶段为：不匹配元件的系统→匹配元件的系统→失谐元件的系统→动态匹配／失谐系统。

（2）调节的匹配和不匹配的路径　本路径的技术进化阶段为：最小匹配／不匹配的系统强制匹配／不匹配的系统→缓冲匹配／不匹配的系统→自匹配／自不匹配的系统。

（3）工具与工件匹配的路径　本路径的技术进化阶段为：点作用→线作用→面作用→体作用。

（4）匹配制造过程中加工动作节拍的路径　本路径反映了如下技术进化阶段：

① 工序中输送和加工动作的不协调。

② 工序中输送和加工动作的协调，如速度的匹配。

③ 工序中输送和加工动作的协调，如速度的轮流匹配。

④ 将加工动作与输送动作独立分开。

8.3.7　向微观级和场的应用进化法则

技术系统趋向于从宏观系统向微观系统转化，在转化中，使用不同的能量场来获得更佳的性能或控制性。具体如下：

（1）向微观级转化的路径　本路径反映了如下技术进化阶段：

① 宏观级的系统。

② 通常形状的多系统，如：平面圆或薄片，条或杆，球体或球。

③ 来自高度分离成分的多系统（粉末、颗粒等）或次分子系统（泡沫、凝胶体等）→化学相互作用下的分子系统与原子系统。

④ 具有场的系统。

（2）转化到高效场的路径　本路径的技术进化阶段为：应用机械交互作用→应用热交互作用→应用分子交互作用→应用化学交互作用→应用电子交互作用→应用磁交互作用→应用电磁交互作用和辐射。

（3）增加场效率的路径　本路径的技术进化阶段为：应用直接的场→应用有反方向的场→应用有相反方向的场的合成→用交替场、振动、共振、驻波等→应用脉冲场→应用带梯度的场→应用不同场的组合作用。

（4）分割的路径　本路径的技术进化阶段为：固体或连续物体有局部内势垒的物体有完整势垒的物体→部分间隔分割的物体、有长而窄连接的物体→用场连接零件的物体→零件间用结构连接的物体→零件间用程序连接的物体→零件间没有连接的物体。

8.3.8　减少人工介入的进化法则

系统的发展是用来实现那些枯燥功能的，以解放人们去完成更具有智力性的工作。具体如下：

（1）减少人工介入的一般路径　本路径的技术进化阶段为：包含人工动作的系统→替代人工但仍保留人工动作的方法→用机器动作完全代替人工。

（2）在同一水平上减少人工介入的路径　本路径的技术进化阶段为：包含人工作用的系统→用执行机构替代人工→用能量传输机构替代人工→用能量源替代人工。

（3）不同水平间减少人工介入的路径　本路径的技术进化阶段为：包含人工作用的系统→用执行机构替代人工→在控制水平上替代人工→在决策水平上替代人工。

二维码28　技术进化论案例

8.4　技术进化法则在建筑行业中的应用

技术系统的八大进化法则可划分为三组：第一组是确立系统寿命开始条件的三个法则——技术系统的S曲线进化法则、动态性和可控性进化法则及子系统协调性进化法则；第二组是确立系统开发条件的三个法则——提高理想度法则、子系统不均衡进化法则和增加集成度再进行简化法则；第三组是确立技术和物理因素影响下的系统开发的两个法则——向微观级和场的应用进化法则、减少人工介入的进化法则。技术系统八大进化法则的核心是提高理想度法则，其他七个法则都是围绕提高理想度来服务的。

8.4.1　组成系统的完备性法则的应用

技术系统存在的必要条件是存在最小限度的可用性。动力子系统负责将能量源提供的能量转化为技术系统能够使用的能量形式，以便为整个技术系统提供能量；传输子系统负责将动力子系统输出的能量传递到系统的各个组成部分；执行子系统负责具体完成技术系统的功能，对系统作用对象（或称产品、工作对象或作用对象）实施预定的作用；控制子系统负责对整个技术系统进行控制，以协调其工作。完备性法则有助于确定实现所需技术功能的方法并节约资源，利用它可对效率低下的技术系统进行简化。

初期的技术系统都是从劳动工具发展来的。当驱动装置代替人提供能量的时候，就出现了传动装置，利用传动装置将能量由驱动装置传向执行机构。这样劳动工具就演变成了"机器的"执行机构，而人只完成控制执行机构的工作。

【例8-1】　锄头和人并不是一套技术系统。技术系统是随着在新石器时代发明了犁之后才出现的：犁（执行子系统）翻地，犁辕（传输子系统）架在牛（能量源和动力子系统）身上，人（控制子系统）扶着犁把。

8.4.2　提高理想度法则的应用

规定技术系统应当沿着提高理想度的方向进化，贯穿其整个生命周期，趋向更加简单、可靠、有效，实现更多的功能，更好地实现功能，减少成本或副作用。理想化的应用与描述包括：

理想设备：没有质量，没有实体，但能完成所需要的工作。理想方法：不消耗能量和时间，但通过自身调节，能够获得所需的效应。理想过程：只有过程的结果，而无过程本身，突然就获得了结果。理想物质：没有物质，功能得以实现。

【例8-2】　测量试块抗腐性能的理想方案。

为测试试块的抗腐能力，需要将试块放入盛有腐蚀性溶液的容器中，经过标准时间浸泡后将试块取出，观察其外表，测量其减少重量。由于腐蚀性溶液对试块进行腐蚀的同时也会腐蚀容器，传统设计者通常用贵重金属作成容器。

理想容器：没有质量，没有体积，没有实体，但能完成所需要功能——盛腐蚀性溶液，这样腐蚀的有害作用自动消失。

最终解决方案：将试块作成标准容器形状，承装腐蚀性溶液，经过标准时间浸泡后，观察其外表，测量其减少重量。

8.4.3　子系统不均衡进化法则的应用

技术系统中的子系统及子系统之间的进化都存在着不均衡现象，以不同的速率进化，这就导致了技术冲突的出现和技术系统的进化。

通常设计人员容易犯的错误是花费精力专注于系统中已经比较理想的重要子系统，而忽略了"木桶效应"中的短板，结果导致系统发展缓慢。如在建筑结构设计中，曾出现过单纯提高建筑的刚度来抵抗地震作用，而忽视了建筑自振周期对抗震性能的影响，导致建筑物整体抗震性能的提升比较缓慢。

【例8-3】　建筑物外墙保温。

建筑物为达到外墙的效果，通常采用外墙保温措施。有机保温材料由于其保温效果好，被广泛采用。但有机保温材料由于其寿命期与结构主体不同，造成子系统在不同的时间点到达使用期的极限，这将导致子系统间出现冲突。为达到系统持续改进以消除冲突，可将保温板置于墙体内部，如此在避免与空气直接接触的同时也达到了保温效果。

8.4.4　动态性和可控性进化法则的应用

技术系统的发展变化像生物进化一样存在着客观规律。技术系统的进化是朝着柔性体、可移动性和可控性方向发展的，这就是动态性进化法则，见图8-5。

图8-5 动态性进化过程

【例8-4】 测量长度工具及切割工具。

测量长度的工具，经历了从刚性直尺到折叠尺、从柔性卷尺到激光测距的进化过程，如图8-6所示。

二维码29 基于TRIZ理论解决测量工具——盒尺的划伤手问题

图8-6 测量工具的进化

切割工具的技术发展过程，经历了从刚性刀子到铰接剪子、从线切割到水切割又到激光切割的进化过程。

【例8-5】 建筑阻尼器。

建筑阻尼器的发展如下：圆孔型软钢阻尼器——→约束屈曲支撑——→液压阻尼器——→气压阻尼器（利用气体的可压缩性使不可压缩的气体脉冲得到缓解，在工业中有大量应用，目前在建筑工程中应用不多）——→磁流变阻尼器（在工程中也有广泛的应用）。具体如图8-7所示。

 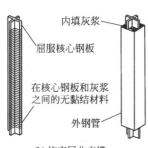 

(a) 圆孔型软钢阻尼器　　(b) 约束屈曲支撑　　(c) 液压阻尼器

图8-7

(d) 气压阻尼器　　　　　　(e) 磁流变阻尼器

二维码30　改善框架塔在
脉动风作用下的不利响应

图8-7　阻尼器的进化过程

8.4.5　增加集成度再进行简化法则的应用

技术系统都会走这样一条路：从简单单系统向两个和多个系统或不同系统混合的方向进化，然后逐渐精简（可以用一个结构稍微简单的系统实现同样的功能或者实现更好的功能），把一个系统转换为双系统或多系统就可以实现这些功能。

【例8-6】　刀具的切割功能。

普通的刀具有切割功能，螺丝刀具有旋转螺丝的功能。现在使用一把组合刀，将刀子和螺丝刀组合，就形成了双系统。如果组合刀中包括剪子、锥子、齿锯、镊子等具有其他功能的工具，就形成了多功能系统。

同类多系统举例，如在建筑隔震结构中，采用隔震系统，通常采用橡胶垫制作，但橡胶垫刚度小，在地震作用下位移较大，因此将钢板与橡胶组合，形成双系统。在隔震垫中灌入铅芯，利用铅芯的耗能能力组成多重抗震作用的隔震垫。

8.4.6　子系统协调性进化法则的应用

子系统协调性进化法则规定有效技术系统存在的必要条件是协调，它主要表现在三方面：结构上的协调，各性能参数的协调，工作节奏与频率上的协调。如果很好地掌握了子系统协调性进化法则，就能让技术系统发挥出最大的功能。

【例8-7】　桥梁转体施工。

桥梁转体施工是由桥墩、箱梁、旋转铰基础、电子计算机、指挥运算程序、油压千斤顶各分系统之间的接口形成的体系结构，施工过程中需体系运作，取得结构性能、工作节奏上的协调一致，如图8-8所示。

图 8-8　桥梁转体施工

当系统较复杂时，技术系统在进化过程中会出现组件数量有先增加后减少的趋势，并且组件数量在发展过程中会使其达到最大值。可依据"增加或者减少系统组件数量"的特征将发明创新原理分成两组，增加组件数量的发明创新原理应用于技术系统进化的早期阶段，而减少组件数量的发明创新原理应用于技术系统进化后期阶段。这样，不仅可减少技术系统进化过程中解决问题的"试错"压力，而且大大提高了 TRIZ 发明创新原理的使用效率。

8.4.7　向微观级和场的应用进化法则的应用

该法则规定技术系统沿其元件分解的大致方向进化，这种技术进化的过程是由大到小、由宏观系统向微观系统转化的过程。例如：建筑材料的进化路线为实心物体→针状和纤维状物体→粉末→复合分子→分子、离子→原子、粒子。

8.4.8　减少人工介入的进化法则的应用

减少人工介入的进化路线为：人→人 + 工具→人 + 动力工具→人 + 半自动工具→人 + 自动工具→全自动工具。

在建筑施工过程中，采用智能机械控制装配施工，可大幅度减少人工介入。在人工费用日益提高的情况下，此举不仅节约成本，而且还可以保证质量的提高，可实现高质量、大规模的工业化生产混凝土预制构件。

【例 8-8】 预制装配式建筑。

预制装配式钢筋混凝土结构房屋体系，可实现建筑的标准化、规模化、工业化生产。其预制混凝土构件的生产以工厂为核心完成批量生产，生产效率较高、规模较大。预制构件用模具的工艺条件得到了改善，减少了人员变动因素对质量的影响，提高了质量水平。预制构件的生产不受季节和天气变化影响，节省时间。现场作业以装配为主，减少了现场湿作业和人工用量，加快了施工速度，降低碳排放量，保护环境。

习题

1. 技术系统进化定律主要有哪些?
2. 什么是 S 曲线? S 曲线有什么作用?
3. 技术进化模式主要有哪些?
4. 技术进化理论主要有哪些应用? 请举例说明。
5. 请以自行车为例, 对其技术进化工程进行分析。

第 **9** 章

发明问题解决算法——ARIZ

9.1　ARIZ介绍

　　ARIZ 发明问题解决算法，最初由阿奇舒勒于 1956 年提出，经过多次完善才形成比较完整的体系，是解决发明问题的完整算法，是 TRIZ 中最强有力的工具，集成了 TRIZ 理论中大多数观点和工具，是 TRIZ 理论中的一个主要分析问题、解决问题的方法，其目标是解决问题的物理冲突。一个创新问题解决的困难程度取决于对该问题的描述和问题的标准化程度，描述得越清楚，问题的标准化程度越高，问题就越容易解决。ARIZ 算法求解的过程是对问题不断的描述、不断的标准化的过程。在这一过程中，初始问题最根本的冲突逐渐清晰地显现出来。

　　1）ARIZ 的基本思想

　　（1）将初始问题转化成标准问题　　ARIZ 采用一套逻辑过程，逐步将模糊的初始问题转化为用冲突清楚表示的问题模型。首先将初始问题用管理冲突来表述，根据 TRIZ 实例库中的类似问题类比求解，无解则转化为技术冲突，采用 40 条发明创新原理解决，如问题仍得不到解决则进一步深入分析发现物理冲突。特别强调由理想解确定物理冲突的方法，一方面，技术系统向着理想解的方向进化；另一方面，物理冲突阻碍达到理想状态，创新是克服冲突趋近于理想解的过程。

　　（2）克服思维惯性　　思维惯性是创新设计的最大障碍，ARIZ 强调在解决问题中开阔思路，克服思维惯性，主要通过利用 TRIZ 已有工具和一系列心理算法克服思维惯性。

　　① 将初始问题转化为"缩小问题"（Mini-Problem）和"扩大问题"（Maxi-Problem）两种形式。"缩小问题"是尽量使系统保持不变，达到消除系统缺陷与完成改进的目的，"缩小问题"通过引入约束激化冲突，目的是发现隐含冲突。"缩小问题"是以尽可能小的代价，对系统作尽可能小的改变来解决问题，或改进原有系统，解决方案容易实施。

　　"扩大问题"是对可选择的改变不加约束，目的是激发解决问题的新思路。"扩大问题"是不考虑解决问题的代价，对问题解决不加约束，或创造或引入全新的工作原理，解决方案不容易实施。"放大问题"模式获得替代产品发展策略，适用于产品进化阶段的成熟期。

　　② 可用资源利用。主要包括 7 种潜在的资源类型：物质、能量 / 场效果、可用空间、可用时间、物体结构、系统功能和系统参数。并且可用资源的种类和形式随技术的进步不断扩展。

③ 系统算子（9 窗口法）。考虑将系统问题扩展，系统往往不是孤立存在的，系统包含子系统，并隶属于超系统，在过程上处于前系统和后系统之间，系统也包括过去状态和将来状态。系统算子方法考虑系统内问题是否可以转移到所在超系统、前系统、后系统及系统的不同时间段。有时系统内难以解决的问题换个角度在系统以外则很容易解决。

④ 参数（DTC）算子。考虑系统长度、时间参数以及成本增大或减小可能出现的情况，目的是加强冲突或发现隐含问题。

⑤ 尽量采用非专业术语表述问题，因为专业术语往往禁锢人的思维。

（3）集成应用 TRIZ 中的大多数工具　ARIZ 集成应用了 TRIZ 理论中绝大多数工具，包括理想解、技术冲突理论、物理冲突理论、物质 – 场分析与标准解、效应知识库。对使用者有很高要求，必须可以熟练使用 TRIZ 理论其他工具。

（4）充分利用 TRIZ 效应库和实例库，并不断扩充实例库　ARIZ 应用效应库解决物理冲突，并已有相应软件支持。搜索实例库，借鉴类似问题解决方案，并且每解决一个问题都要分析解决方案，具有典型意义及通用性的方案要加入实例库。但不同问题的相似性判别、原理解特征分析、实例库分类检案方法还有待研究。

2）ARIZ-85 详细步骤介绍

ARIZ 有 多 个 版 本，例 如 ARIZ-56、ARIZ-59、ARIZ-61、ARIZ-64、ARIZ-65、ARIZ-68、ARIZ-71、ARIZ-75、ARIZ-77、ARIZ-85、ARIZ-96SS、ARIZ-2000 等，其中 ARIZ-85 是最具有代表性的版本，ARIZ-85 共有 9 个步骤，具体分析问题的流程图，如图 9-1 所示。

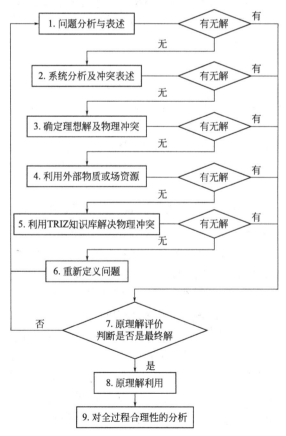

图9-1　ARIZ 流程图

图 9-1 中所示 ARIZ 的前 5 步将初始问题转化为冲突并解决冲突，如果问题在前 5 步没有得到解决，第 6 步须重新定义问题并跳回到第 1 步，第 7 步的作用是问题解的评价，第 8 步由问题特解中抽取出可用于解决其他问题的通用解法，第 9 步是 TRIZ 专家分析 ARIZ 的求解过程，以改进 ARIZ。ARIZ 每一步都包含许多子步骤，应用中不强调采用所有步骤，根据情况可跳过一些无关子步骤。详细子步骤介绍如下。

● 准备工作：搜集问题所在系统的相关信息。

① 收集并陈述问题相关案例，了解已经尝试过但没有成功的解决方案。

② 通过回答以下问题，定义问题解决后应达到的目的及能接受的最大成本。

a. 评价问题解决的技术和经济指标是什么？

b. 问题解决后带来的好处有哪些？

c. 要解决问题，技术系统哪些特性和参数必须改变？

d. 可以接受的成本是多少？

● 步骤 1：问题分析与表述。

问题分析步骤的主要作用是搜集技术系统相关信息，定义管理冲突，分析问题结构，以"缩小问题"的形式表述初始问题。

① 按照如下文本形式，表述技术系统。

技术系统的主要功能是 _____，主要子系统包括 _____，技术系统和它的主要子系统的有用功能包括 _____，有害功能包括 _____。

② 回答如下问题，判断问题是常规问题还是冲突问题，常规问题不需应用 ARIZ。

a. 应用已知方法提高有用功能，有害功能是否同时提高？

b. 消除或减弱有害功能，有用功能是否同时减弱？

如果两个问题答案都是否定的，则是常规问题，不需应用 ARIZ。

③ 采用"缩小问题"形式表述原问题。"缩小问题"模板：如何通过系统最小的改动实现有用功能、消除有害功能，或如何通过系统最小改动消除有害功能并不影响有用功能。

④ TRIZ 知识库应用，寻找是否可利用类似问题解。

⑤ 问题发散。假设初始问题不可能解决，应用系统算子，考虑在超系统、前系统、后系统及系统的不同时间段寻找替代解决方案，达到同样目的。问题解决则转到步骤 7。

● 步骤 2：系统分析及冲突表述。

该步骤分析问题所在技术系统各要素，构建技术冲突表述问题，并尝试采用发明创新原理与标准解法解决技术冲突。详细子步骤如下：

① 陈述问题所在技术系统的主要要素：TRIZ 认为技术系统包括输入原料要素、工具要素、辅助工具要素和输出产品要素。

② 通过分析系统要素作用过程发现冲突，冲突一般发生在工具、辅助工具要素作用于原材料要素的过程中。

③ 根据技术冲突的两种形式，构建技术冲突 TC1 和 TC2。

TC1：增强有用功能，同时增强有害功能；

TC2：降低有害功能，同时降低有用功能。

④ 如果冲突涉及辅助工具要素，可以尝试去除辅助工具要素，构建技术冲突（TC2）。

⑤ 确定冲突，选择合适的技术冲突（TC2）来表述问题（原则是解决哪一个冲突可以更好地实现系统主要动能），尝试用冲突矩阵与 40 个发明创新原理解决技术冲突，冲突解

决则转到步骤7。

⑥ 采用参数算子方法，加强冲突，直到原问题出现新的问题，再重新分析问题。

⑦ 构建技术冲突的物质－场模型，尝试用标准解法解决问题。如果技术冲突得不到解决，继续步骤3。

● 步骤3：确定理想解和物理冲突。

确定最终理想解，发现阻碍实现理想解的物理冲突。

① 定义操作区域、操作时间。

② 定义理想解1：在不使系统变复杂的情况下，实现有用功能，并且不产生和消除有害功能，不影响工具要素有用行动的执行能力。

③ 强化理想解：引入附加条件，不能引入新的物质和场，应用系统内可用资源实现理想解。

a. 列出系统内所有可用资源清单。

b. 选择一种资源（X资源）作为利用对象。依次选择冲突区域内的所有资源，选用的顺序为工具要素、其他子系统的资源、环境资源、原材料要素和产品。

c. 思考利用X资源如何达到理想解，并思考如何能够达到理想状态（X资源可作为假想冲突元素，可具有相反的两种状态或属性，不必考虑是否可实现）。

d. 遍历所有资源后，选择一个最可能实现理想解的X资源作为冲突元素。

④ 表述物理冲突。物理冲突模板：在操作空间和时间内，所选X资源应该具有某一状态以满足冲突一方，又应具有相反的状态满足冲突另一方。

⑤ 最终确定理想解2：所选X资源在操作时间和空间内，具有相反的两种状态或属性。

⑥ 尝试解决理想解2指出的问题，如果问题没有解决，选择另外一种资源。

● 步骤4：利用外部物质或场资源。

在步骤3系统内资源分析的基础上，进一步拓展可用资源的种类和形式（包括派生资源）。

① 使用物质资源的混合体来解决问题。如稀薄的空气可以看作是空气与真空区的混合体，并且真空是一种非常重要的物质资源，可与可利用物质混合产生空洞、多孔结构、泡沫等。

② 应用派生资源。

③ 将产品作为一种可用资源，常见应用形式有如下几种：产品参数和特性的改变；产品暂时改变；多层结构。

④ 应用超系统资源。

⑤ 使用场资源和场敏物质，典型的是磁场和铁磁材料、热与形状记忆合金等。

⑥ 在应用新资源的情况下，重新考虑采用标准解解决问题。

⑦ 经过以上步骤如问题仍没有解决，则进入步骤5应用TRIZ知识库。

● 步骤5：应用TRIZ知识库（包括实例库、效应、分离原理等）解决物理冲突。

① 应用标准解来解决问题。

② 采用类比思维，参考ARIZ已解决的类似问题的解决方案。

③ 应用效应库解决物理冲突，新效应的应用常可获得跨学科高级别的发明解。

④ 尝试应用分离原理解决物理冲突。

● 步骤6：重新定义问题。

问题没有解决的重要原因是发明问题很难得到正确表述，解决问题过程中经常需要修改问题表述。

① 问题解决则跳转到步骤 7。

② 问题没有解决则返回步骤 1，分析初始问题是否可分为几个小问题，重新确定主要问题。

③ 检查步骤 2 中冲突要素分析是否正确，是否可以选择其他产品或工具要素。

④ 选择步骤 2 中的其他冲突表述：TC1、TC2。

● 步骤 7：原理解评价。

主要目标是检查解决方案的质量。

① 检查每一种新引入的物质或场是否可以用已有物质和场代替。

② 子问题预测：预测解决方案会引起哪些新的子问题。

TRIZ 所得到的冲突解分为两类：

离散解——彻底消除了技术冲突，或新解使得原有技术冲突已不存在；连续解——新解部分消除了冲突，但冲突仍然存在，即在不断地消除冲突的同时也产生了一系列新的冲突，这些冲突构成了冲突链。

③ 方案解评估主要采用如下评价标准：

a.是否很好地实现了理想解 1 的主要目标？

b.是否解决了一个物理冲突？

c.方案是否容易实现？

d.新系统是否包含了至少一个易控元素？如何控制？

所有标准都不满足则回到步骤 1。

④ 检索专利库检查解决方案的新颖性。

● 步骤 8：原理解利用。

该步主要说明具体工程实现方法以及评价该方法是否可用于其他问题。

① 定义超系统的改变：定义包含改进系统的超系统（包括已经变化的子系统）应如何改变。

② 进行可行性分析：检查改进后的系统和超系统是否可以按问题求解设计的方式工作。

③ 进行拓展性分析：考虑应用解决方案采用的原理解决其他问题。

a.陈述解法的通用原理。

b.考虑该解法原理对其他问题的直接应用。

c.考虑使用相反的解法原理解决其他问题。

● 步骤 9：对全过程合理性的分析。

主要是面向 TRIZ 专家，用于评估改进 ARIZ。

① 将问题解决实际过程与 ARIZ 理论过程比较，记下所有偏离的地方。

② 将解决问题的实际解决方案与 TRIZ 知识库比较，如果 TRIZ 知识库没有包含该解决方案的原理，考虑在 ARIZ 修订时扩充。

9.2 ARIZ算法在建筑行业中的应用

ARIZ 算法是解决发明问题的完整算法，以一套连续过程的程序，针对发明问题，采用步步紧逼的方法，巧妙地将一个状况模糊的原始发明问题转化为一个简单的问题模型，并构件其理想解。其目的是，在 TRIZ 现有工具的基础上组成系统化的问题解决流程，是 TRIZ 最强有力的工具。ARIZ 算法在各个行业中均有使用的案例，下面重点介绍一下在建筑行业中的解决问题案例。

【例9-1】 *摩擦焊接工程实例。*

摩擦焊接是连接两部分金属最简单的方法，将两部分金属安装在焊接振动平台上，用电磁场带动振动台产生线性振动，该振动产生摩擦热就可熔化待焊金属接触面。达到预期的焊接程度后，振动停止，再施加一定的压力于两个工件上，使焊接部分冷却、固化，形成紧密的结合。

如果两部分金属之间存在空隙，就不能焊接成功。当两块金属紧密接触时，被焊接的金属之间产生摩擦形成熔融膜，渗入到足够深的焊接区域。现在要求用每节 10m 的铸铁管通过摩擦焊接连成一条管道，但要想使这么大的铁管有效振动起来，需要建造非常大的机器，并提供非常大的空间。

应用 ARIZ 改进铸铁管的摩擦焊接，首先要解决的问题是方便地实现焊接对象的有效振动。

准备工作

（1）调研现有摩擦焊接方案，都没有解决振动巨大铸铁管这一问题，并且没有可借鉴的失败方案。

（2）确定改进系统应达到的目的。

① 问题解决后将可方便地实现焊接对象的有效振动。

② 问题解决后必须保证焊接铸铁管的可靠性。

③ 新方案应不增加系统的复杂性。

步骤1：问题分析与表述。

（1）该系统的主要功能是实现铸铁管的摩擦焊接，并保证焊接后的可靠性。系统主要部件包括摩场焊接机、铸铁管。

（2）问题：现有系统无法实现铸铁管的有效振动，初步判断存在冲突属于发明问题。

（3）缩小问题：对已有设备不做大的改变而实现铸铁管的摩擦焊接。

（4）问题发散：将摩擦焊接机设置在加工车间，利用车间吊车承载铸铁管重量，以利于振动焊接，或将铸铁管接口处缩小，以方便焊接机工作。

步骤2：系统分析及冲突表述。

（1）陈述技术系统各要素。输入原材料——铸铁管；工具要素——摩擦焊接机；辅助工具要素——振动平台；输出产品——具有可靠连接性的铸铁管通道。

（2）冲突要素：摩擦焊接机无法实现大尺寸构件的有效振动。

（3）构建技术冲突。

TC1：制作大型号摩擦焊接机，实现铸铁管的有效振动。但这样会提高成本，增大作业空间。

TC2：缩小铸铁管尺寸，以便于普通摩擦焊接机工作，但这样不能有效实现铸铁管功能。

（4）TC1 可以更好地表述问题，选择 TC2 来解决技术冲突。

（5）应用发明创新原理解决冲突，由发明创新原理15"动态化原理"得到原理解，将摩擦焊接机分成可彼此相对移动的几部分，振动台部分可制成大尺寸构件，台面可持续移动。但是摩擦焊接机改造后工作效率会受到影响，铸铁焊接过程中管理难度大，此原理解不采用。

步骤3：确定理想解及物理冲突。

（1）冲突区域——摩擦焊接机；冲突时间——振动过程。

（2）陈述改进后系统理想状态：不影响摩擦焊接工作效率，不改变铸铁管尺寸，实现有效焊接。

（3）首先选择振动台作为改进对象，考虑利用振动台达到理想状态。

（4）构建宏观物理冲突：为实现有效焊接，振动台应具有能够使铸铁管振动同时自身体积不增大两种特性。

（5）应用分离原理和标准解无法解决该物理冲突，返回本步骤（3）中选择其他组件作为改进对象。采用铸铁管作为利用对象，构建宏观物理冲突——铸铁管必须能够在普通振动台上产生有效振动。再返回本步骤中，应用分离原理，将铸铁管需焊接部位与铸铁管形成通道的部位分离，这样用一根短管同时与两根铸铁管接触，通过振动台使短管发生接触，在摩擦生热作用下与两根铸铁管同时连接。跳转到本例步骤7验证原理解的可行性，如图9-2所示。

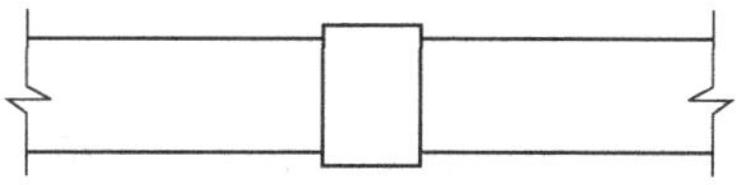

图9-2 在两根铸铁管间引入短管

步骤7：原理解评价。

（1）检查改变：改进后的方案引入了新资源——便于操作的短铸铁管。在后续工序采用了使用外加钢管，整个系统已有气源，并不增加系统复杂性。

（2）子问题预测：没有新问题出现。

（3）原理解评价。

① 新方案实现了系统主要功能。

② 新方案解决了一个物理冲突。

③ 新方案降低了结构复杂性，易于工程实现。

采纳原理解，改进设计后的铸铁管解决了原设计存在的主要问题。

步骤8及9：主要是由TRIZ专家分析总结问题解决过程和方案解，以改进和完善ARIZ。

【例9-2】 光伏组件清洗完成后的残留水。

随着并网光伏电站的大量安装，上万块太阳能组件排列于光伏电厂中。光伏组件的清洁度是影响发电量的一大主要因素，组件的清洗成了光伏电站维护的一项重要工作。然而，光伏电站大多安装在高海拔、高严寒、风沙大的戈壁滩，如组件清洗完成后的残留水未能完全处理，会造成沙土粘附在组件表面，在冬天清洗残留水还会结冰，这些都会影响发电量和组件寿命。如要降低成本，就得减少清洗时的用水量，而用水量的减少又会使组件清洗不干净。

问题所在技术系统为光伏组件清洗，该技术系统的功能为清洗组件，实现该功能的约束有水、人力、物力、时间。图9-3为现有组件清洗模型，用水清洗组件玻璃表面，使组件玻璃表面干净。

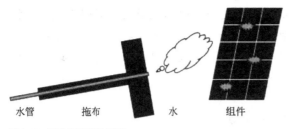

水管　　拖布　　　水　　　组件

图9-3　现有组件清洗模型

准备工作

（1）搜索现有的解决方案。

方案1：逐一清洗组件的残留水，势必消耗大量的人力、物力、时间，导致成本增加。

方案2：对清洗完成后的组件玻璃表面吹风，使残留水快速蒸干，但是组件数量太多，影响清洗速度，增加清洗成本。

（2）确定改进系统应达到的目的：用水量少，残留水少，处理方便，清洗干净。

步骤1：问题分析与表述。

（1）该技术系统的主要目的是用水量少，残留水少，处理方便，清洗干净。主要子系统包括拖布、水管、灰尘、玻璃组件、支架。

（2）问题：清洗组件，用水少，清洗不干净；用水多，残留水难处理。

（3）采用"缩小问题"形式表述原问题，不增加资源，在系统中的元素保持不变或稍变的复杂情况下，得到的解为将组件的玻璃表面制造得更光滑些，不易残留灰尘，也不留水。

步骤2：系统分析及冲突表述。

（1）陈述技术系统各要素。输入原材料——水；工具要素——拖布；辅助工具要素——水管；输出产品——光伏组件、灰尘。

（2）冲突要素：实现光伏组件的清洁问题。具体如下：物资资源——水，光伏组件，灰尘。

（3）构建技术冲突。

TC1：用水量少，清洗完成后残留水好处理，但是清洗不干净。

TC2：用水量多，清洗效果好，但是清洗完成后残留水不好处理。

（4）TC2有利于组件玻璃清洗工作的完成，加强有用功能的冲突，选择TC1解决技术冲突。

（5）应用发明原理：依据第24条发明原理——中介物原理，得到解。即给组件玻璃表面涂一层纳米材料，纳米涂层对水附着力很小，残留水容易流走，或者是组件中封装电热膜（发热膜），从内部发热烘干残留水。

步骤3：确定理想解及物理冲突。

（1）冲突区域——用大量的水清洗组件；冲突时间——组件清洗完后。

（2）陈述改进后系统理想状态：X元素存在于资源中，可以保证光伏组件清洁，没有残留水。

（3）首先选择水作为改进对象，X元素是资源中有的，不用加以改变，不用引入新的物质和场。在现有资源中，可用作X元素的资源有：光伏组件、灰尘、支架、拖布。

（4）构建宏观物理冲突：用水量少，清洗完后残留水易处理，但是清洗不干净；用水量多，清洗效果好，但是清洗完后残留水不易处理。对于水量的大与小形成物理冲突。

（5）应用时间分离原理构建理想解，即用超吸水材料（海绵）吸走残留水。水将光伏组件清洗干净后，不残留。

步骤4：利用外部物质或场资源。

确定操作区域是光伏组件表面。应用小人法模型，在清洗组件时，水人把组件小人上的灰尘小人清洗掉；当清洗完成后，有水小人残留在组件小人上。小人法模型如图9-4。

组件

水

灰尘

图9-4　小人法模型

以"小人"构想达到目标的情景形式——在清洗完后，组件小人不抓水小人，并推走水小人。构想达到目标情景时应提供"小人"需要的条件——组件小人需要推力或者弹力推走水小人。构想达到目标情景时"小人"需要的改变——组件小人能动，抖掉水小人。走出情景在现实中寻找替代"小人"的工程方案——组件可以旋转，转动到面朝下，水受重力而脱落。

所以，本例的解决方案为更改光伏组件支架，光伏组件可以翻转，倒掉残留水。问题解决则跳转到步骤7。

步骤7：原理解评价。

① 新方案实现了系统主要功能。

② 新方案解决了一个物理冲突。

③ 新方案降低了结构复杂性，易于工程实现。

采纳原理解，改进设计后的光伏组件支架解决了原设计存在的主要问题。

步骤8：原理解利用。

通过技术、成本等因素的评价，确定最优的技术方案有2个。

技术方案1：用纳米涂层涂在组件玻璃表面，纳米涂层对水附着力很小，残留水容易流走。

技术方案2：更改组件支架设计，支架驱动组件可以翻转，倒掉残留水。

根据目前技术发展情况，这两种方案实现成本不高，技术难度也不大，都切实可行。

【例9-3】 煤气管道。

通过检修孔维修管道时，怎样实现用一根软管水平插入地底，其在维修管道内移动，并能粘在需要修复的管道内表面呢？

步骤1：问题分析与表述。

该系统的主要功能是实现旧管道的排水功能。系统主要部件包括旧管道、软管。"缩小问题"形式表述原问题：在尽量少改变现有系统的条件下，实现旧管道的排水功能。

步骤2：系统分析及冲突表述。

（1）陈述技术系统各要素。输入原材料——旧管道；工具要素——软管；输出产品——

具有可靠排水功能的管道系统。

（2）冲突要素：软管不能水平插入维修管道内并移动。用一种特殊装置将软管水平插入维修管道内并移动。

步骤3：确定理想解及物理冲突。

理想解：软管水平插入维修管道，使其在维修管道内移动，并能粘在需要修复的管道内表面。

物理冲突：软管未插入维修管道前与管道是两个独立部分，插入管道后，形成整体。可利用空间分离原理解决，得到的解决方案：将由柔性聚合物材料制成的软管插入原始管道，通过气压机对软管内吹气，柔性管被翻转推进原始管道，完成软管的反转、推进、展开，并在压力作用下与原始管道连接。问题解决则跳转到步骤7。

步骤7：原理解评价。

改进后的方案并不增加系统复杂性，即新方案实现了系统主要功能，新方案解决了一个物理冲突。

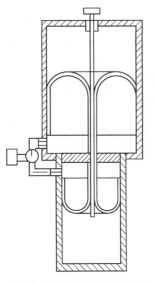

图9-5 反转技术在提升装置中的应用

步骤8：原理解利用。

这种技术方法在不进行地面开挖的情况下，完成了修复地下管道的工作，其核心技术是软管在反转情况下完成工作。这种技术在管道工业中应用十分普遍，同时在其他工业领域也有广泛的应用，如气压提升机。

气压提升机可垂直提升不同重量物体，该提升装置（图9-5）是一个被隔断的箱室，分为两部分。软管穿过隔断，在隔断两侧软管的两端均被反转固定在箱室的相应位置，在空箱室之间安装一个标尺。

【例9-4】 中心城区园区改造。

随着当前京津冀协同发展的不断推进，京津冀城市群建设也进入到了一个新阶段。而产业园区作为促进京津冀区域经济发展和科技创新的重要载体，如何建设好产业园区，使其充分发挥促进区域经济发展的作用，是京津冀很多城市需要面临的重要问题。产业园区作为一个复杂系统，其建设过程中会面临着一些问题。结合产业园区建设过程中管理机构如何提升自身服务能力这一问题，现在对这一问题用ARIZ方法做如下分析：

缩小问题：在资金约束下，如何通过最小程度改动系统，使其实现园区促进发展的有用功能，并且改造过程不复杂。

系统冲突：为了降低成本，需要改造现有园区，但会导致增加操作难度。

问题模型：应利用系统中已有的要素实现定向功能。

冲突区域及资源分析：两个方面技术冲突出现的时间都是在园区改造过程中，冲突区域也都是发生在园区内。对系统内进行资源分析，如物质资源、场资源、信息资源、时间资源等，发现如果要实现理想解，需要很多方面的资源。

理想最终结果：在改造园区时成本降低，又不会增大改造难度，并且不增加系统复杂程度和不产生任何有害作用。

物理冲突：为了降低成本，需要改变现有园区，但又为了操作简便，又不需要改变现有园区，即现有园区既要改变又要不改变。

消除物理冲突：利用相关发明原理取 2~3 家作为试点开展改造，并将改造方案划分为多个子项目，同步推进或者将这 2~3 家园区管理机构整合成一个管理机构，独立开展运营，政府给予必要的业务指导与帮扶。采用"连锁经营"模式，对这 2~3 家园区采取统一管理、统一运营、统一服务标准。利用各种媒体向入驻企业宣传园区提供的各项服务及政策，采用"互联网＋电子政务"模式，让企业依托在线渠道享受到园区提供的服务。

解决方案：本着"小动、少动、不动"的原则，尊重原有建筑的基础现状，紧密围绕全区的产业布局，依照主导产业发展的内在规律，努力营造服务企业良好硬件环境。

二维码31 基于TRIZ理论解决瓷砖铺贴不平整和空鼓问题　　二维码32 内墙装饰面施工工艺改进

习题

1. ARIZ 的理论基础由哪几条原则构成？其基本特点是什么？
2. ARIZ-85 由哪几个关键步骤组成？
3. ARIZ-85 关键步骤的特点是什么？
4. 使用 ARIZ 解决问题时，运用物场资源需要遵循哪些规则？
5. 请通过一个例子说明如何利用 ARIZ 实现创新。

参考文献

[1] 檀润华.创新设计——TRIZ:发明问题解决理论[M].北京:机械工业出版社,2002.

[2] 檀润华.发明问题解决理论[M].北京:科学出版社,2004.

[3] 赵新军.技术创新理论（TRIZ）及应用[M].北京:化学工业出版社,2004.

[4] 根里奇·阿奇舒勒.哇……发明家诞生了——TRIZ创造性解决问题的理论和方法[M].范怡红,黄玉霖,译.成都:西南交通大学出版社,2008.

[5] 苏谦,张明勤,张瑞军,等.ARIZ算法在塔式起重机钢丝绳固定装置方案设计中的应用[J].工程机械,2010,41(9):41-44.

[6] 根里奇·阿奇舒勒.创新算法[M].谭培波,等译.武汉:华中科技大学出版社,2008.

[7] 陈广胜.发明问题解决理论（TRIZ）基础教程[M].哈尔滨:黑龙江科学技术出版社,2010.

[8] 王亮申,孙峰华,等.TRIZ创新理论与应用原理[M].北京:科学出版社,2010.

[9] 沈世德.TRIZ法简明教程[M].北京:机械工业出版社,2010.

[10] 檀润华.TRIZ及应用技术创新过程与方法[M].北京:高等教育出版社,2010.

[11] 常卫华.TRIZ理论在建筑工程中的应用[M].北京:中国科学出版社,2011.

[12] 侯庆德,王新杰,常卫华. TRIZ冲突理论在储罐地基设计中的应用[J]. 建筑结构,2011（S2）:430-434.

[13] 殷月竹,夏磊,殷志祥,等. 运用TRIZ理论改善高层楼房的布局[J]. 安徽理工大学学报（自然科学版）,2016,36(4):39-41.

[14] 丁新兵. 基于TRIZ的MSF钢筋骨架成型机端部支撑的创新设计与研究[D]. 济南:山东建筑大学,2017.

[15] 沈孝芹,师彦斌,于复生,等. TRIZ 工程解题及专利申请实战[M]. 北京:化学工业出版社, 2016.

[16] 周金林,张明勤,王日君. 基于TRIZ的手提式钢筋弯曲机的创新设计[J]. 科技创新与品牌, 2017(10):73-74.

[17] 侯彦超,潘惠如,周涛,等. 基于TRIZ的楼房防水方案设计研究[J]. 企业科技与发展, 2018(2):142-144.

[18] 周苏,张丽娜,陈敏玲.创新思维与TRIZ创新方法[M].北京:清华大学出版社,2018.

[19] 张晓伟,张春林. 基于TRIZ理论降低光纤预制棒用套管生产工艺的原料损耗[J]. 中国建

材科技,2017,26(3):146-148.

[20] 韩冰,门玉英.基于ARIZ解决中心城区园区改造模式研究[J]. 科技创业月刊,2018, 31(8):152-157.

[21] 徐起贺,刘刚,戚新波. TRIZ创新理论实用指南[M].北京:北京理工大学出版社,2019.

[22] 韩提文,董中奇,张莉,等. TRIZ创新理论及应用[M].天津:天津大学出版社,2020.

[23] 李爱群.钢筋混凝土剪力墙结构抗震控制及其控制装置研究[D].南京：东南大学,1992.

[24] 蒋欢军,吕西林.新型耗能剪力墙模型低周反复荷载试验研究[J].世界地震工程, 2000, 16(3):63-67.

[25] 赵文辉,王志浩,叶列平.双功能带缝剪力墙连接键的试验研究[J].工程力学,2001,18(1):126-136.

[26] 韩宏伟. 应用ARIZ方法解决减少光伏组件清洗后残留水的问题[J]. 重庆理工大学学报(自然科学版), 2016,30(9):73-77.